초등학생을 위한 양자역학 5

- 파인만과 양자 컴퓨터 -

초등학생을 위한 양자역학 5

- 파인만과 양자 컴퓨터 -

기획 어린이과학동아

그림 홍승우 | 글 이억주 | 감수 최준곤(고려대학교 물리학과 교수)

해나무

머리말

안녕하세요, 어린이 여러분. 저는 만화가 홍승우입니다.
저는 어렸을 때부터 과학자를 존경해 왔습니다.
과학자들은 우리가 살고 있는 지구와 우주 만물이 어떻게 만들어졌고
어떤 법칙으로 작동하는가 하는 문제를 탐구했기 때문입니다.

여러분 앞에 사과가 하나 있다고 생각해 보세요.
사과를 반으로 쪼개고 그 반을 또 쪼개고 계속 쪼개다 보면 무엇이 나올까요?
바로 원자입니다. 원자는 이 세상의 모든 물질을 이루는 단위입니다.
양자역학은 원자같이 더 이상 쪼갤 수 없는 단위 안에서 벌어지는
물리 현상을 탐구합니다.

그토록 작고 작은 세계에 대해 궁금증과 의문을 갖기 시작한 건
먼 옛날 그리스 시대부터랍니다. 그때부터 지금까지 수천 년 동안
과학자들이 원자를 연구해 온 결과 지금은 원자 안에 무엇이 들어 있고
그것들이 어떻게 움직이는지 알고 있습니다. 하지만 아직도 더 알아내야 할
사실들이 남아 있죠.

이런 의문을 품은 과학자들은 누구였는지, 또 어떻게 연구를 해 왔는지
궁금하지 않나요? 그들의 발견 이야기와 원자 속 세계에서 작동하는
물리 법칙을 만화를 통해 배워 보세요. 이 책에서는 우리 이웃과도 같은
다운이 가족이 시간을 거스르며 원자 속 세상을 탐험합니다.

자, 그럼 만화 캐릭터들과 함께 어린이 여러분도 눈에 보이지 않는
가장 작은 세계로 들어올 준비되셨나요?
그럼 시작합니다!

홍승우(만화가)

여러분은 핸드폰이나 컴퓨터 없이 잘 살 수 있나요?
아마도 원시 시대로 돌아간 느낌일 것입니다.
오늘날 우리 생활을 편리하게 해 주는 여러 과학기술은 양자역학 덕분에 등장할 수 있었습니다. 특히 핸드폰과 컴퓨터에 적용되는 반도체의 원리도 양자역학으로 설명됩니다.

과학사에는 두 번의 '기적의 해'가 있어요.
첫 번째는 뉴턴이 만유인력 법칙과 운동 법칙을 발견하여
달과 사과의 움직임을 설명한 1666년이고,
두 번째는 아인슈타인이 빛과 전자의 성질에 대한
위대한 논문을 발표해서 양자역학의 기초를 다진 1905년입니다.
뉴턴의 운동 법칙은 눈으로 볼 수 있는 거시 세계를 설명하는 반면,
양자역학은 눈으로 볼 수 없는 미시 세계를 설명합니다.

양자역학을 모두 이해하는 것은 참으로 어려운 일이에요.
하지만 호기심을 갖는다면, 물질이 무엇으로 이루어져 있고,
그 물질 사이에서 어떤 일이 일어나는지를 살펴볼 수 있습니다.

호기심은 과학의 가장 큰 밑거름이에요.
이 책은 바로 그 호기심을 가지고 물질의 세계를 탐구한 과학자들의 이야기입니다. 고대 그리스의 철학자 데모크리토스부터 양자 순간 이동을 성공시킨 안톤 차일링거까지, 양자역학에 기여한 수많은 과학자들을 통해 여러분을 미시 세계로 안내하고자 합니다.

이억주(글 작가)

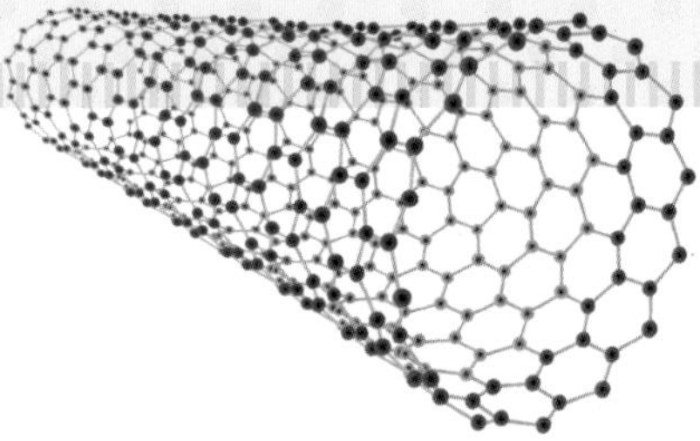

차례

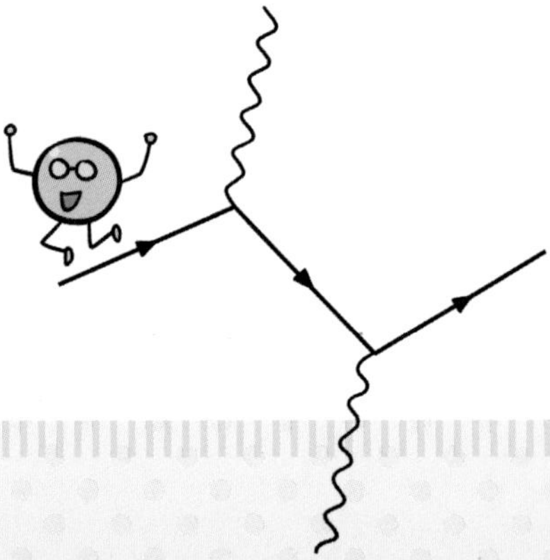

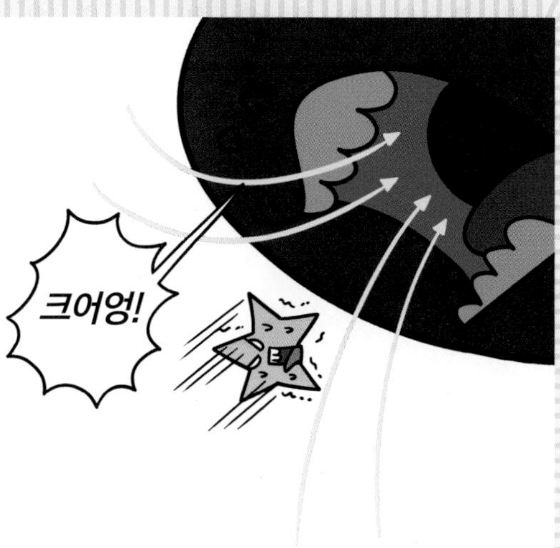
크어엉!

마지막
시간 여행을
떠나 보자고!

등장인물

정다운X김민서X믹스
호기심으로 똘똘 뭉친 삼총사.
시간 이동을 통해 함께 양자역학 대모험을 떠난다.

다운이 가족
누구보다
서로를 아끼는
따뜻한 가족.
함께 모이면 웃음이
끊이질 않는다.

정체불명의 방해꾼
시간 이동을 방해하는
수수께끼의 인물들.
그들의 정체는 과연 무엇일까?

리처드 파인만
미국의 물리학자(1918~1988)

머리 겔만
미국의 물리학자 (1929~2019)

찰스 베넷
미국의 물리학자 (1943~)

프랭크 클로우스
영국의 물리학자 (1945~)

스티븐 호킹
영국의 물리학자 (1942~2018)

시어도어 메이먼
미국의 물리학자 (1927~2007)

에릭 드렉슬러
미국의 나노과학자 (1955~)

안톤 차일링거
오스트리아의 물리학자 (1945~)

1화 유쾌한 천재 과학자, 파인만

방학인데도 모두들 빠짐없이 모였군요!
과학관 견학인데 당연히 와야죠!
어, 선생님! 얼굴이 바뀌셨네요?
뜨끔
헉, 뭐라고요?
민서가 내 비밀을 알아차린 건가?
안경을 쓰셨다고요.
아… 안경을 말한 거였군요.

스타일을 좀 바꿔 봤어요.
예전에 선글라스 쓰셨을 때랑 인상이 많이 달라요.
선, 선글라스?
쿵
봄 소풍 갔을 때요.
아… 그랬나요?
휴…
과학 선생님은 마치 두 얼굴을 가진 사람 같….
휙
자, 견학을 시작합시다!
왜 저렇게 당황하시지?
글쎄….
다운아, 난 뭐 달라진 것 없어?

으… 양자역학보다 더 어렵다….
부들
부들
으이그~!
딱 보면 알아야지. 이런 것도 못 맞히니?
뭔데 그러지…?
늘 똑똑했지만 오늘은 더 똑똑한데?
토하지 마!
얼마 후
Albert Einstein
아인슈타인이다!
상대성 이론을 만든 천재 과학자.

오~, 제법인데?
그동안 날 무시하고 있었던 거야?
그럼 아인슈타인이 노벨상 탄 것도 알겠네?
그럼! 상대성 이론으로 탔잖아.
하하!
땡! 광전 효과 연구로 탔거든?
광전 효과?
금속에 빛을 쬐이면 전자가 튀어나오는 현상이야.
빛
전자
금속
상대성 이론만큼 중요한 연구였구나.
아인슈타인이 광전 효과를 연구한 덕분에 빛의 이중성이 받아들여지기 시작했거든.
입자
파동
아… 입자와 파동의 성질!

빛은 입자요!
파동이오!
과학자들은 이 문제로
오랫동안 논쟁을 벌였어.
19세기 말에 빛의 정체가 전자기파로 밝혀졌지만…
빛은 전자기파!
봐, 파동이지!
19C 말
이것만으로는 광전 효과를 설명할 수 없었어.
파동이라면 불가능한 현상이야.
아인슈타인은 광전 효과를 설명하기 위해서…
빛은 파동인 동시에 에너지를 띄엄띄엄 나르는 입자(광양자)다!
…라고 주장했어. 이게 바로 '광양자 가설'이야.

광양자 가설은 양자역학의 토대가 됐지.
아… 그렇구나!
녀석들이 또 양자역학 얘기를 하고 있군.
또 시간 이동을 하려는 건가….
역시 아인슈타인은 지구 최고의 천재인가….
아니.
또 한 명 있어.
누구?
미국의 물리학자 리처드 파인만!
와! 어떤 분인데?
잘 몰라. 천재라는 것 말고는….
뭐야

그렇다면….
출발!
척
파인만과
천재의 결합!
앗, 녀석들이
지금 출발한다!
잠깐 화장실 좀
다녀올게요!
여기 그대로 있어요!
탁 탁
네.
급하신가 봐
애플, 당장
과학관으로 와!
녀석들이
시간 이동을
했어!
지금 바빠요!
애견 미용
하고 있다고요!
타 탓
으익! 그럼 내가
너한테 갈게!
아…
내가 너한테
갈게…
심쿵
밀당 성공…

1965년 미국
캘리포니아 공과대학교
와, 강아지다!
낑!
귀엽다!
부비 부비
헐.
싫어
수없이 시간 이동을 해 왔지만 이런 쾌활한 반응은 처음인걸.
성격이 무척 밝으신 분인가 봐.
넌 이름이 뭐니?
난 사람 말 할 줄 모른다고!
걔는 제 강아지 믹스예요. 저는 다운이고요.
저는 민서라고 해요.
아... 10년은 늙은 것 같아

너희들의 생김새나 말투를 보니 한국에서 온 것 같구나.
와!
나는 전 세계의 나라에 관심이 있단다. 한국은 흥미로운 나라지.
빙그르르
내가 가장 가고 싶은 나라는 투바란다!
안 물어 봤는데요
번쩍
투바요? 처음 듣는 나라예요.
소련의 자치 공화국에 속한 작은 나라야.
유럽
소련
투바
중국
세계 지도를 보다가 어떤 작은 나라를 발견했지. 바로 투바! 너무 가고 싶더라니까!
독특해!
투사모 회장 같은데요?
투사모?
투바를 사랑하는 모임요.

저희들은 양자 전기역학에 대해 여쭈러 교수님을 찾아왔어요.
오호, 그래서 시간 이동으로 미래에서 온 거니?
똥!
하하하! 어떠냐? 나의 상상력이!
깜딱이야
너희들 덕분에 새벽의 짜증이 확 사라지는 것 같구나!
새벽엔 왜요?
새벽에 대뜸 전화가 한 통 왔는데….
파인만 교수님, 노벨 물리학상 수상을 축하드립니다!
나 참, 어이가 없어서….
아니, 노벨상 받으신 게 왜요?

엄청난 희소식인데 왜 짜증을 내시는 거예요?
콰
아
어
이
상
왜 새벽에 전화를 하냐고! 꿀잠 자고 있었는데!
나는 상 받으려고 물리학을 연구하는 게 아니야!
그냥 양자역학이 재미있어서 연구한 것일 뿐이라고!
나, 노벨상 안 받을 거야!
뭐야, 완전 어린아이 같잖아?
생각해 보렴. 노벨상을 받으러 스웨덴까지 가야 하다니, 얼마나 귀찮은 일이냐!
인터뷰도 해야 한다고!
귀찮아×100!
질문

교수님, 노벨상을 안 받으시면 더 귀찮은 일이 생길 거예요.
?
아악!
와
와
노벨상을 거부하셨다면서요? 이유가 뭐죠?
그런가….
오… 설득력이 대단한데?
사실이 그런걸
한편
휴, 겨우 도착…
스윽
너한테 급하게 가느라고 선글라스를 제대로 썼는지 모르겠네… 나인 줄 모르겠지?
심
쿵
네… 모를 거예요.
어디… 엿들어 볼까?
R. Feynman
아….
콩닥
콩닥

그나저나 교수님, 양자 전기역학을 이해하기가 너무 어려워요!
그래서 내가 만든 게 바로 파인만 다이어그램이란다.
Feynman Diagram
다이어그램이 뭔데요?
쉽게 말하면 도표야. 수량이나 관계를 그림으로 그린 거지.
Yes
No
A
B
C
V
달
지구
태양
양자 전기역학을 어떻게 그림으로 그린다는 거죠?
전자와 광자 사이의 상호 작용을 설명하는 것이 바로 양자 전기역학!
전자
광자
양자 전기역학
나는 전자와 광자 사이의 상호 작용을 그림으로 표현했지.

우리가 사는 세상은 시간과 공간으로 되어 있어.
시간
A
사건
B
공간
세로축은 시간, 가로축은 공간이라고 정해 보자. 그러면 A 시각에 B 지점에서 발생한 사건을 이렇게 그릴 수 있지.
전자와 광자의 움직임도 사건으로 나타낼 수 있나요?
그래
이것은 움직이는 전자를 나타낸단다.
시간
공간
시간이 흐름에 따라 전자의 위치가 바뀌고 있지.
이것은 광자야.
전자는 똑바로, 광자는 구불구불하게 움직이나요?
아니, 둘을 구분하려고 정한 약속일 뿐이란다.

빛이 퍼져 나가는 것 같기도 해요.
꼭 그걸 의미하려고 한 건 아니지만, 그렇게 생각하면 기억하기 쉽겠구나.
자, 그럼… 본격적으로 전자와 광자의 상호 작용을 다이어그램으로 표현해 볼까?
이 다이어그램을 해석해 보거라.
광자
전자
참, 파인만 다이어그램은 항상 아래에서 위로 해석해야 해. 시간이 흐르는 방향을 위쪽으로 정했거든.
음, 멈춰 있던 전자가 광자를 방출하고 광자와 반대 방향으로 이동한다?
음, 아주 좋아!
와! 내가 맞혔어!
로또라도 당첨됐니?
그럼 이건?
전자
광자
어, 이건… 움직이던 전자가 광자를 흡수하고 정지했다?
맞아!

그럼 이건?
화살표 방향만 다르네요.
전자
양전자
왼쪽이 전자, 오른쪽이 양전자란다.
양전자는 다른 성질은 전자와 모두 똑같지만 (+)전하를 가진 입자야.
전자의 반물질이죠?
그래.
가만히 있던 양전자가 광자를 방출하고 광자와 반대 방향으로 이동하는 걸 다이어그램으로 표현하면 이렇게 된다.
광자
양전자
화살표의 방향을 헷갈리지 않게 주의해야 해.
그럼 전자와 양전자가 만나는 것도 다이어그램으로 나타낼 수 있겠네요.
그럼, 물론이지.
광자
전자
양전자
실제로 전자와 양전자가 만나면 광자를 방출하고 사라진단다. 다이어그램으로 그리면 이렇게 돼.

광자가 전자와 양전자로 바뀔 수도 있지. 이렇게!
양전자
전자
광자
움핫핫! 역시 나는 천재야!
아, 네
광자
전자
양전자
전자
광자
이번엔 응용 문제! 이건 뭘까~요?
음, 광자가 전자와 양전자로 바뀌고, 이 양전자가 또 다른 전자를 만나 광자로 변한다?
확
빙고! 이제 파인만 다이어그램의 원리를 완전히 알겠지? 하하하!
짝
네!
악
전자끼리 상호 작용 하려면 반드시 광자가 있어야 해.

광자
전자
전자
이 그림은 두 개의 전자가 서로 가까워지다가 광자를 교환하고 멀어지는 모습을 나타낸 거야.
광자가 전자와 전자 사이의 척력*을 만드는 걸 설명하는 그림이지.

* 두 물체가 서로 밀어 내는 힘.

굉장하군… 양자 전기역학을 이렇게 쉽게 설명하다니…
아냐, 내가 지금 무슨 생각을!
?
덜컥
!
헉!
?
왈 왈
이런!
헉, 너희들이 왜 또 여기에!

뭐야…
너희들 서로
아는 사이니?
그럼 너희도
시간 이동을 한 거냐?
하하!
아니면 내가
좋아하는 나라
투바에서 왔나?
킥킥.
옳지!
이거다!
네, 맞아요!
투바에서 왔어요!
오옷!
정말?
네, 교수님.
저희들이
투바까지 안내해
드리겠습니다!
냥!
교수님, 속지 마세요.
쟤네들은…!
왈왈
좋았어! 일단
중요한 문서들을
챙기고!
어….
착
미안하다, 얘들아.
나는 투바에
다녀올 테니
여기서
놀다 가렴!
앗

일단 우리 집으로 가자.
얼른 짐을 챙기고 투바로 떠나는 거야!
우후후… 좋아! 일이 잘 풀리고 있어. 이대로 가서 처리해 버리자!
끄덕
안 돼요! 교수님!
콱
어!
주욱
악! 이런 때에 시간 이동이라니!
거기서 교수님을 잡으면 어떻게 해!
촤악

파인만과
천재의 결합!
파인만과
천재의 결합!
팍
2화
소립자 세계의
위 위 아래~
끙.
끙.
아무일도 없음
까악
!
스마트폰으로
검색해 봤을 때
일생이나 업적은
그대로야.
왜 시간 이동이
안 되는 거지?
이러다 파인만
교수님께
무슨 일이 생기면
어떡해!
콰아
꾹
꾹

뭔가 수상해.
뭐가?
샥
우리가 시간 이동 할 때마다 걔네가 나타났잖아.
뭔가… 근처에서 우리를 지켜보고 있는 것 같은 느낌이 들어.
오! 그럴 수도 있겠다. 주변을 경계해야겠는걸!
5분 후
경계고 뭐고….
졸리고 피곤해….
헉헉….
일이 잘 풀리고 있었는데 왜 갑자기 돌아온 거예요?
팟
냥

똥이 마려워서 그만….
파인만 교수 집 화장실에 갔잖아요!
그러니까 그게…
휴지를 잡아야 할지 잡지 말아야 할지 고민을 했어.
끙
덜덜
잡으면 현재로 돌아갈 테니까.
결국 휴지를 잡은 거군요.
청결은 소중하다구~!
순식간에 이동했을 텐데 뒤처리는 어떻게….
하하
빛의 속도로 처리했지. 하하….
어우! 상상했어! 더럽!
그러게 왜 물어봐…

엇! 보스의 전화다.
지잉~.
네, 알겠습니다.
…….
뚝
?
보스의 호출이야. 지금 당장 남산 비밀 연구소로 간다…!
어?
저 사람 애견숍 언니 아냐?
그 옆 사람은…?
애견숍 언니 데이트하나 봐! 따라가 보자!
팟

야, 사생활 침해거든?
신경 꺼.
다 다 다
해 진다.
집에 가자.
며칠 후
와, 제주도 도착!
얼마 만의 여행이야?
쿠우우
JEJU IN
작년에 스위스,
프랑스, 영국까지
다녀왔으면서 뭘!
그래도 요!
맞아, 그때부터
시간 이동을
하기 시작했지….
시간 이동은 무슨…
우리는 차로
이동할 거야!
주차장

안녕하세요,
저는 민서예요.
옆은 우리 아빠고요.
오, 네가 민서구나.
감사합니다.
신세 좀 지겠습니다.
별말씀을요.
언니! 또 우리
따라온 거야?
무슨 소리! 우리 아빠
고향이 제주도라 가족
모두 놀러 왔다고!
아….
우리 아빠가
안내해
주는 거야.
고마워하라고!
고마워,
언니!
징그러워!
떨어져!
얼마 후
와, 멋지다!
이곳은 '산굼부리'란다.
천연기념물 제263호지.

산굼부리? 이름이 웃겨요!
제가 대신 사과드릴게요. 못난 동생을 용서해 주세요.
꺼으
꺼으
…….
이름이 특이하지? '산에 생긴 구멍'이라는 제주도 사투리란다.
아, 그렇군요.
한라산이 폭발하면서 생긴 기생 화산*을 '오름'이라고 하는데…
360개나 되는 제주도 '오름' 중에 하나가 바로 이곳 산굼부리야.

* 큰 화산의 중턱이나 기슭에 생긴 작은 화산.

산굼부리는 제주도에서 유일하게 용암이나 화산재가 분출되지 않고
열기 폭발로 암석 덩어리만 쏙 빠져나가 만들어진 특이한 화산이지.
뻥

RESORT
한여름 밤의 대축제
위 아래 위 위 아래
위 아래~
위 위 아래.
할아버지!
킥킥, 너희 할아버지 정말 재밌으시다!
난 창피해….
할아버지가 지쳐서 쓰러지셨어!
하얗게 불태웠어…
으이구 영감…
위, 아래 하니까
쿼크가 생각나는구나.
쿼크요?
어디서
들어 본 것
같은데….

전자
원자
원자핵
양성자
중성자
?
그 다음은 뭘까?
혹시….
쿼크?
빙고!
충격
양성자와 중성자가 끝이 아니라니 너무 신기해요!
1964년에 미국의 물리학자 머리 겔만이 쿼크라는 개념을 처음 제안했지.
그런데 '위, 아래'가 쿼크랑 무슨 관계죠?

쿼크에도 위, 아래가 있거든!
헙 헙 헙
오호!
위
아래
위 쿼크와 아래 쿼크, 합체!
팍
1964년 미국 캘리포니아 공과대학교
머리… 겔만 교수님의 연구실….
Murray Gell-Mann
으… '머리' 겔만 교수님 연구실의 칠판을 보니 '머리' 아파!
저렇게 복잡한 수식을 어떻게 이해하지?
그래서 물리학자들이 천재라는 소리를 듣는 거겠지.
난 천재 관심 없어~ 간식이 좋아

너희들은 누군데 여기 들어왔니?
저는 다운이예요.
저는 민서고요.
오호, 귀여운 강아지구나.
안녕하세요!
갠 믹스예요.
오, 너희 같은 어린이들이 이런 것에 관심을 갖다니 놀랍구나!
쿼크에 대해 알고 싶어서 찾아왔어요. 쿼크에 위, 아래가 있다면서요?
며칠 전에는 옆방에 계신 리처드 파인만 교수님께 파인만 다이어그램에 대해 배웠어요.
오!
그럼 너희들, 원자 구조 정도는 알고 있겠구나.
그럼요

원자핵을 이루는 양성자와 중성자는
'강력'이라는 힘에 의해 결합되어 있지.
그리고 모든 힘에는 그 힘을 전달해 주는
어떤 입자가 있단다.
힘
그럼 강력을 전달해 주는
입자도 있나요?
그래, 1935년에 일본의
유카와 히데키 교수가
처음으로 이론을 제안했지.
핵자와 전자의
중간 정도 되는
질량을 가진 입자가
강력을 전달한다!
그리고 그 입자에
이름을 붙였어.
파이온!
(중간자)
이온 :
이 메손(π meson)이라고도 한다
메손(meson)은 그리스어로
'중간'이라는 뜻이야.
μέσον
12년 후, 파이온이 실험을 통해
발견되면서 유카와 교수는
일본인 최초로 노벨상을 받았지.
NAT·
MDCCC
XXXIII
OB·
MDCCC
XCVI
ALFR·
NOBEL

그럼 원자 안에는
양성자와 중성자
같은 핵자,
그것들 사이에서 힘을
전달하는 중간자,
그리고 핵자들 주변을
도는 전자가 있는 거네요.
끙
끙
택배 왔습니다!
힘
퓽!
그래.

이 입자들은
질량에 따라 세 종류로
나눌 수 있어.
무거운 입자인
중입자(바리온).
중간 정도인
중간자(메손).
가벼운 입자인
경입자(렙톤).

양성자와 중성자는
중입자에 속하고
파이온은
중간자에 속하고
전자는 경입자에
속하지!
모든 입자를 그렇게
세 종류로 나눌 수
있는 건가요?

시간이 지나면서 새로운 중입자, 중간자, 경입자가 발견됐는데…
!
우리 말고 또 있었어?
문제가 생겼단다!
?
새로 발견된 입자들의 질량이 제각각이었거든.
경입자인 '뮤온'이 중간자인 파이온과 질량이 비슷해!
뮤온
윽!
파이온
엥?
중성자
헉!
경입자인 '타우'가 중성자보다 무겁다니!
타우
질량에 따른 입자의 구분이 무의미해진 거지!
그 후 세 가지 성질에 따라 입자를 분류하게 됐어.
1 전하
2 스핀
3 기묘도
?
스핀? 기묘도?

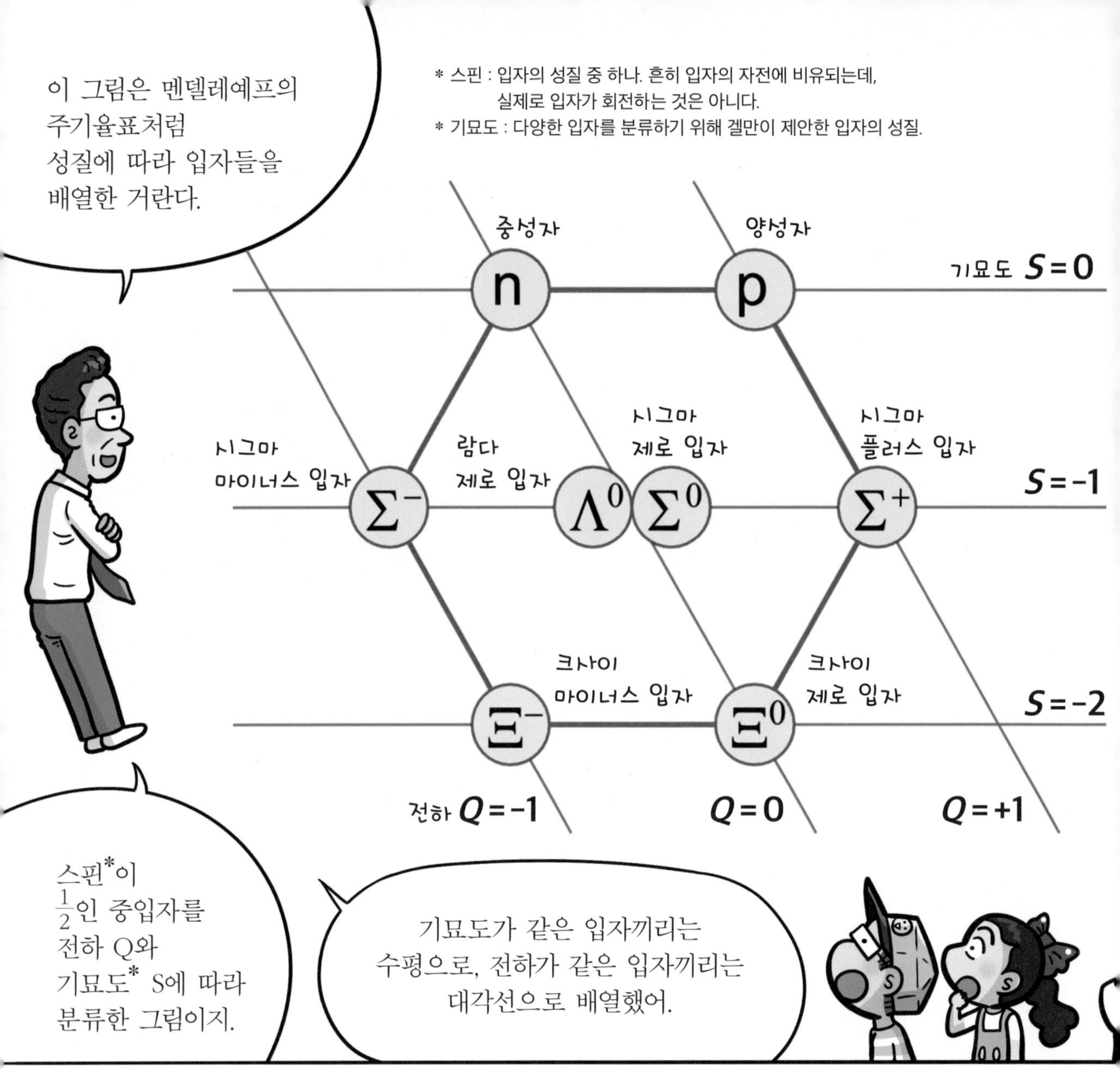
이 그림은 멘델레예프의 주기율표처럼 성질에 따라 입자들을 배열한 거란다.
* 스핀 : 입자의 성질 중 하나. 흔히 입자의 자전에 비유되는데, 실제로 입자가 회전하는 것은 아니다.
* 기묘도 : 다양한 입자를 분류하기 위해 겔만이 제안한 입자의 성질.
중성자
n
양성자
p
기묘도 S=0
시그마 마이너스 입자
Σ^-
람다 제로 입자
Λ^0
시그마 제로 입자
Σ^0
시그마 플러스 입자
Σ^+
S=−1
크사이 마이너스 입자
Ξ^-
크사이 제로 입자
Ξ^0
S=−2
전하 Q=−1
Q=0
Q=+1
스핀*이 $\frac{1}{2}$인 중입자를 전하 Q와 기묘도* S에 따라 분류한 그림이지.
기묘도가 같은 입자끼리는 수평으로, 전하가 같은 입자끼리는 대각선으로 배열했어.

배열한 모양이 정육각형이네요.
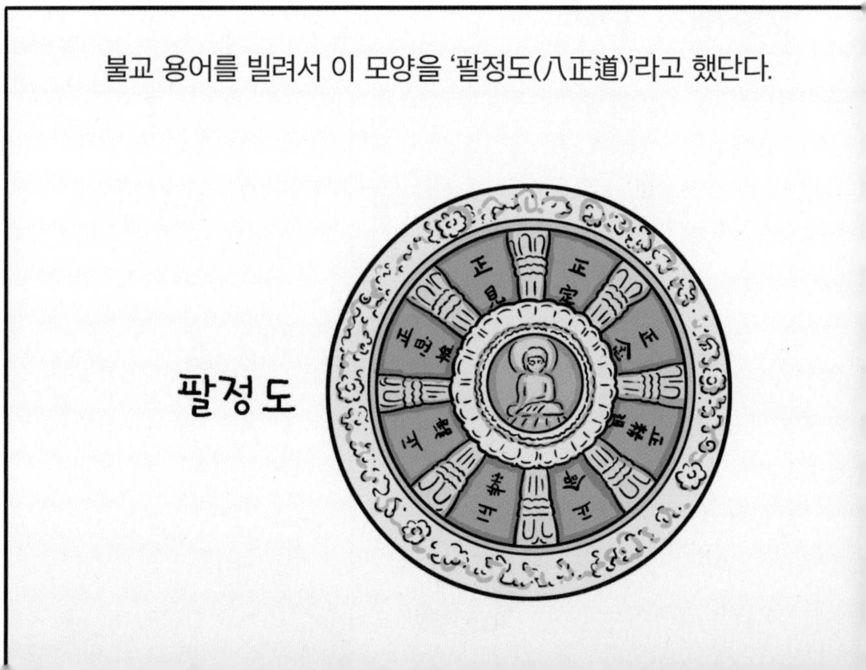
불교 용어를 빌려서 이 모양을 '팔정도(八正道)'라고 했단다.
팔정도

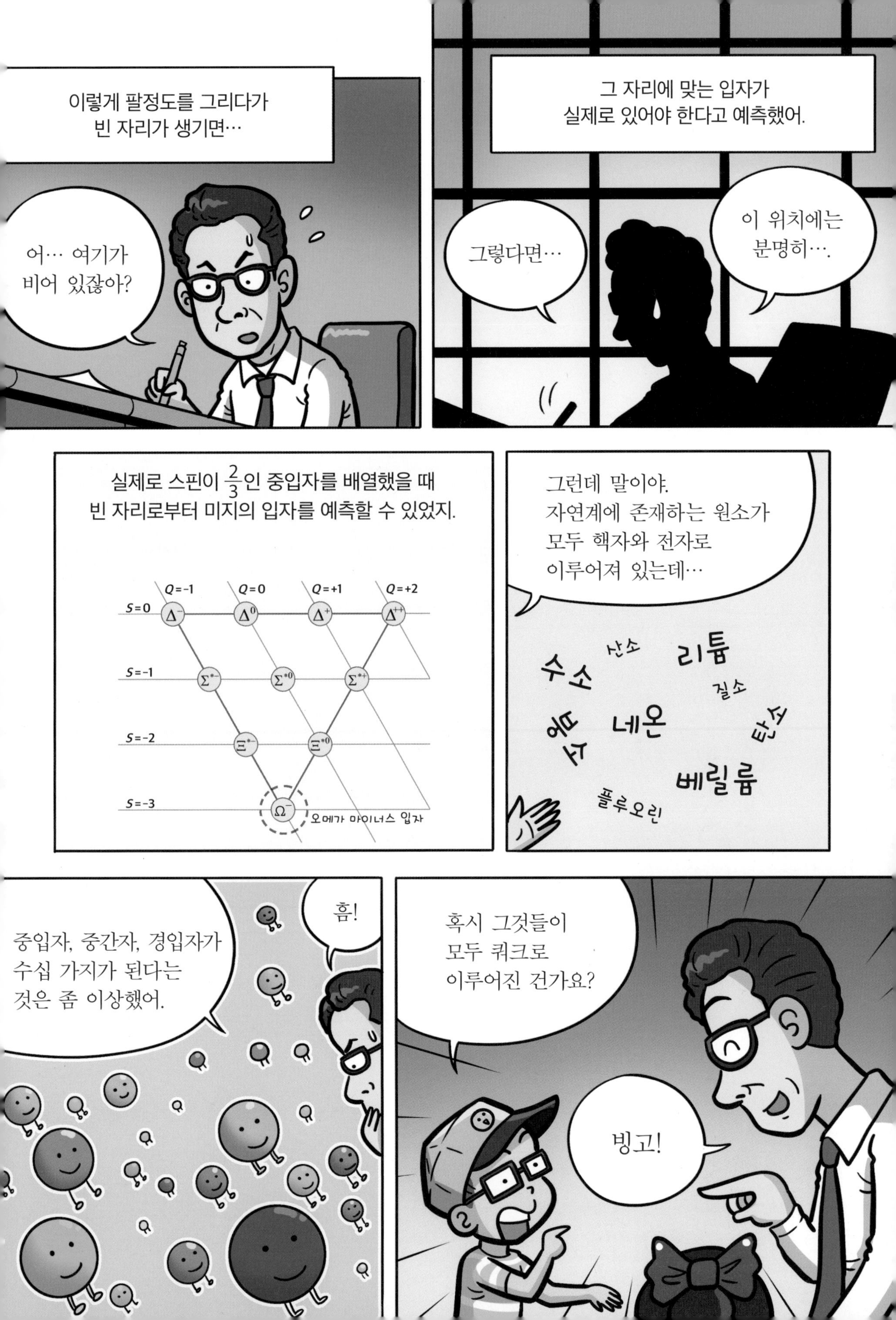
이렇게 팔정도를 그리다가 빈 자리가 생기면…
어… 여기가 비어 있잖아?
그 자리에 맞는 입자가 실제로 있어야 한다고 예측했어.
그렇다면…
이 위치에는 분명히….
실제로 스핀이 $\frac{2}{3}$인 중입자를 배열했을 때 빈 자리로부터 미지의 입자를 예측할 수 있었지.
Q=-1 Q=0 Q=+1 Q=+2
S=0 Δ^- Δ^0 Δ^+ Δ^{++}
S=-1 Σ^{*-} Σ^{*0} Σ^{*+}
S=-2 Ξ^{*-} Ξ^{*0}
S=-3 Ω^-
오메가 마이너스 입자
그런데 말이야. 자연계에 존재하는 원소가 모두 핵자와 전자로 이루어져 있는데…
수소
산소
리튬
질소
붕소
네온
탄소
베릴륨
플루오린
중입자, 중간자, 경입자가 수십 가지가 된다는 것은 좀 이상했어.
흠!
혹시 그것들이 모두 쿼크로 이루어진 건가요?
빙고!

양성자의 전하량*은 +1, 중성자의 전하량은 0이야.
양성자 +1
중성자 0
쿼크들의 전하량은 $+\frac{2}{3}$나 $-\frac{1}{3}$ 같은 분수라고 가정했어.
분수 전하량을 가진 쿼크들이 모여 양성자나 중성자가 된다는 거군요!
$+\frac{2}{3}$ $+\frac{2}{3}$ $-\frac{1}{3}$ 양성자
$+\frac{2}{3}$ $-\frac{1}{3}$ $-\frac{1}{3}$ 중성자
그렇단다. 위 쿼크의 전하량은 $+\frac{2}{3}$, 아래 쿼크의 전하량은 $-\frac{1}{3}$이야.
양성자는 위 쿼크 2개와 아래 쿼크 1개로 이루어져 있어서 전하량이 +1이고…
중성자는 위 쿼크 1개와 아래 쿼크 2개로 이루어져 있어 전하량이 0이지.
위 쿼크 $+\frac{2}{3}$ $+\frac{2}{3}$ $-\frac{1}{3}$ 아래 쿼크 양성자
위 쿼크 $+\frac{2}{3}$ $-\frac{1}{3}$ $-\frac{1}{3}$ 아래 쿼크 중성자
무거운 입자인 중입자는 이렇게 3개의 쿼크로 구성되어 있어.
그럼 중간자는요?
중간자는 2개나 4개의 쿼크로 구성되어 있고, 그 결과 전하량은 -1, 0, 1 등이 된단다.
반 위 쿼크 $-\frac{2}{3}$ $-\frac{1}{3}$ 아래 쿼크 −1
위 쿼크 반 위 쿼크 $+\frac{2}{3}$ $-\frac{2}{3}$ $-\frac{1}{3}$ $+\frac{1}{3}$ 아래 쿼크 반 아래 쿼크 0
위 쿼크 $+\frac{2}{3}$ $+\frac{1}{3}$ 반 아래 쿼크 +1

* '전하의 양'을 줄여서 '전하량'이라고 한다.

전하량이 +1인 중간자는 위 쿼크 1개와
반 아래 쿼크 1개로 되어 있는데…
위 쿼크
$+\frac{2}{3}$
$+\frac{1}{3}$
반 아래 쿼크
+1
반 아래 쿼크요?
반 아래 쿼크는 아래 쿼크와 똑같지만
전하의 부호만 반대인 쿼크야.
$-\frac{1}{3} \rightarrow +\frac{1}{3}$
아래 쿼크
반 아래 쿼크
아!
이런 식으로 모든 입자를 조합할 수 있지!
앞으로 더 많은 쿼크가 있어야 해. 한 6가지 정도는 필요할 거야.
모든 물질은 쿼크와 전자로 이루어져 있다고 해야겠네요.
전자
원자
원자핵
양성자
중성자
쿼크
간식 먹고 싶다
이제 쿼크에 대해 잘 알 것 같아요!

이건 팔정도 그림이란다. 가지렴.
감사합니다!
촤 악
할아버지, 쿼크는 모두 몇 개예요?
위 쿼크, 아래 쿼크, 맵시 쿼크, 기묘 쿼크, 꼭대기 쿼크, 바닥 쿼크, 이렇게 모두 6개란다.
6개! 겔만이 제대로 예측하고 있었구나!
한편 남산 비밀 연구소에서는…
아니, 어렵사리 시간 이동 방법을 알아냈는데도 왜 일을 잘 해내지 못하는 거야!
쾅

그게… 과거의 물건을 만지면 시간 이동이 끝나기 때문에 어떻게 하기가 너무 어렵습니다!
휙
휙
내가 변명 따위를 들으려고 부른 줄 알아? 악착같이 방법을 찾아야 할 것 아냐!
그거 가지고 와서 전해 줘!
넵.
혁! 이건?
둥
열어 보시죠.
?
척

3화
충격! 쓰러진 다운이
JEJU NATION
이번에는 이 강력한 무기를 이용해서 반드시 성공한다!
꼭요! 그래야 우리도….
우리도 뭐?
아! 그게…
그, 그게… 일이 잘돼야 우리도 잘될 거라는….
?
우리?
아니에요!
샤 샥
왜 저래?

와, 굉장해요!
바위 모양이
성냥개비를 세워
놓은 것 같아요!
이곳은 대포동
주상절리란다. 유네스코
세계 지질공원으로
지정된 곳이야.
바위들이 어떻게 이런
모양이 된 거죠?
지표 밖으로 나온 용암이
굳어지면서 수축이 일어나
틈이 생길 때가 있는데…

굳은 용암이 오랫동안 풍화 작용을 받으면 틈이 커져서 갈라진 것처럼 보여요.
이렇게 갈라진 지형을 '절리'라고 합니다.
그럼 '주상'은 "주상 전하~!" 할 때 주상이에요?
어험
아니.
'주상'이란 기둥 모양이라는 뜻이란다.
이 나라의 기둥이신 주상 전하!
…….
그럼 주상절리는 '기둥 모양의 절리'라는 뜻이군요.
그렇지.
'기둥' 모양의 '절리'는 '기절'…
도움이 안 돼.
자연은 예술가구나. 이런 멋진 조각품을 바다 앞에 만들어 놓다니….

자, 그럼 지금부터 도깨비를 만나러 가 볼까?
팟
엥?
요즘 세상에 도깨비라뇨~!
있는지 없는지 가 보면 알지!
우~!
재미 없어요!
부 웅
끼 익
엥? 왜 도로 한가운데에서 멈추는 거죠?
글쎄다.

꾸에~!
지금 도깨비 상상했지?
어….
어! 저기 뭐야?
수풀이 흔들렸어!
하지 마! 하지 마! 무섭잖아!
꽥
으… 들킨 거 아냐?
아직 아네요.

자, 시동 끄고 기어는 중립으로. 잘 보렴~.
어어?
스르르
차가 저절로 오르막길을 올라가잖아?
스르르르르르
그래서 이곳을 '도깨비 도로'라고 부른단다.
정말 신기해! 중력의 법칙을 거스르고 있어!
스르르
우우우
도깨비의 짓이라니까.
재미없다니까요!

이번에는 캔을 놓아 볼게.
슥
와, 신기해!
어떻게 이럴 수가 있죠?
드르르륵
사실은 내리막길이거든.
네?
주변에 있는 나무들이 똑바로 서 있을 거라고 착각하게 하는 착시 현상 때문에 내리막길이 오르막길로 보이는 거란다.
원래는 내리막길
진짜 도깨비가 장난치는 것 같네.
히 히 히

아인슈타인도 양자역학이 도깨비 같다고 했지.
'아인슈타인의 유령' 말씀하시는 거죠?
그래.
1905년 아인슈타인은 광전 효과를 연구해서 빛에 입자의 성질이 있다는 사실을 밝혀냈어.
빛
전자
금속
광전 효과 이론으로 양자역학의 문을 열었지만 아인슈타인은 양자역학을 끝까지 받아들이지 않았단다.
양자역학은 유령 같거든.
난 실제로 있어요!
양자 역학
믿어 줘요!
양자역학에 따르면 입자의 위치는 여러 곳에 중첩되어 있다가 누군가 관측하면 그중 하나로 정해진단다. 입자가 어디에 있을지는 확률만 알 수 있어.
A
A
A
샥
분신술?
고전역학으로는 설명할 수 없는 이론이지.
야옹~.

입자의 위치만 그런 것도 아니야.
슈뢰딩거의 고양이 사고 실험을 생각해 보렴.*
상자를 열기 전까지 고양이가 살아 있는 상태와 죽어 있는 상태는 각각 50%의 확률로 중첩되어 있단다.
방사성 원소
망치
독극물
야옹~.
그러니 양자역학은 말이 안 되지!

* 『초등학생을 위한 양자역학 3권』 6화 참고.

그런데 이런 유령 같은 현상이 컴퓨터 혁명을 일으키고 있어.
양자 컴퓨터!
엥, 양자역학으로 컴퓨터를 만든다고요? 누가 이런 일을?
바로… 리처드 파인만!
부비부비 싫어!
역시 천재다운 발상!

지난번에 만났을 때도
범상치 않으셨어….
또
그 소리
책을
읽었거나
꿈을
꿨겠지.
자, 이제
출발합니다!
양자 컴퓨터의
시작이
궁금하지?
출발해 볼까?
아
네 네~!
팍
좋았어!
양자역학과
컴퓨터의 결합!
이제 완전히
적응됐어
팍
그렇다면
우리도 출발!

1982년 리처드 파인만의 집
파인만 교수님!
쏙
안녕하세요
어, 너희들은 누구니?
교수님! 투바는 다녀오셨어요?
기억하지 못 하실 수도 있어.
아차!
아직 못 갔단다. 그런데 너희들은 대체 누구니?
저희는 한국에서 온 다운이와 민서예요.
얘는 믹스고요.
아유, 귀여워!
또!

헉
그런데 여기엔 왜 온 거니?
볼이 닳아 없어졌어…
헉!
교수님께서 처음으로 양자 컴퓨터의 개념을 생각해 내셨다고 들어서….
그것에 대해 여쭈러 왔어요. 마침 문이 열려 있어서 살짝 들어왔어요.
과학에 관심이 많은 아이들이구나!
네!
지금 한창 양자 컴퓨터를 연구하던 중이란다.
으~ 이 메모 좀 봐!
보통 컴퓨터는 0과 1로 이루어진 이진수*를 사용한다고 들었어요.
그렇지
0 1
010111101100010101001110
양자 컴퓨터도 이진수를 사용하긴 하지만 그런 고전 컴퓨터와는 완전히 다른 방식으로 작동한단다.
쟤 뭐야?
0 1

* 0과 1, 두 개의 숫자로 모든 수를 나타내는 방법을 '이진법'이라 하고, 이진법으로 표현한 수를 '이진수'라고 한다.

양자역학에 따르면 하나의 입자가 확률적으로 여러 위치에 겹쳐 있을 수 있고
고양이가 살아 있는 상태와 죽어 있는 상태가 겹쳐 있기도 하지.
즉, 두 가지 이상의 상태가 중첩될 수 있어.
이걸 '양자 중첩'이라고 한단다.
아인슈타인이 유령 같다고 한 이론이군요!
양자 역학
오호 요 녀석들 똑똑한데?
더 유령 같은 현상도 있어. 두 입자가 멀리 떨어져 있을 때…
한 입자의 상태를 알면 다른 입자의 상태가 저절로 결정되기도 해.
'양자 얽힘'이라고 부른단다.

이번에는 어떤 작전이죠?
내가 음식을 좀 가져왔어.
투바 음식이라고 속이고 파인만 교수의 팬이라 하면서 전해 주는 거지. 그리고 처리하는 거야…!
좋아요!
김밥
피자
고전 컴퓨터는 0과 1 둘 중 하나의 값만 가지는 '비트(bit)'를 사용해서 작동하지만
비트가 2개
0 1
정보도 2개!
양자 컴퓨터는 0과 1이 중첩될 수 있는 '큐비트(qubit)'를 사용하지.
큐비트가 2개
00 01 10 11
정보는 4개!
큐비트 하나에 0과 1이 중첩되어 있기 때문에 2개의 큐비트로 4개의 정보를 저장할 수 있어.
사랑의 큐피드!
하지 마…
큐피드가 아니고 큐비트….
이렇게 양자 컴퓨터는 '양자 중첩'을 원리로 작동하는 컴퓨터란다.
00 01 10
11
중첩될 거야~!

0과 1이 중첩된 상태를 사용하기 때문에 연산 속도가 고전 컴퓨터보다 훨씬 빨라.
고전 컴퓨터
0 1
0 0 1 1 0
0 또는 1
양자 컴퓨터
01
0과 1이 동시에
예를 들어 비트 10개로는 0부터 1023까지의 숫자 중 하나만 나타낼 수 있지만…*
2^{10bit} = 1024개의 숫자 중 하나만…
* 비트가 n개 있으면 총 2^n개의 숫자를 나타낼 수 있다.
큐비트 10개로는 0부터 1023까지의 숫자를 동시에 나타낼 수 있어. 따라서 큐비트 10개로 연산을 하면 고전 컴퓨터보다 1024배나 빠르지.
$2^{10qubit}$ = 1024개의 숫자를 동시에!
와~, 엄청난 속도 차이!
?
너희들은 또 누구니?
하하하! 안녕하세요!
파인만 교수님!

아, 저희는 투바 요리 전문점에서 왔습니다. 교수님께서 투바를 좋아하신다기에….
서비스로 투바 음식을 가져왔습니다.
오! 투바 음식이라고?
너… 너는!
또 왔어!
거짓말이에요! 쟤들은 나쁜 아이들이에요!
콱
무슨 말씀이신지? 여기 투바 최고의 요리를…
촤
악
팡
드릴게요!

확
!
화, 화분이 사라졌어!
이번에는 반드시 맞힌다!
팡
슈
웅
안 돼!
확
다운아!
털썩
이런! 충전하는 덴 시간이 좀 걸리는데….
쩔꺽
쩔꺽

이 녀석!
튀어!
엇, 그새 사라졌잖아?
귀신이 곡할 노릇일세!
나 안 죽어 침 튀잖아
다운아, 죽지 마! 엉엉!
다운이는 사라지지 않았으니 걱정하지 않아도 될 것 같구나.
이거….
?
수첩?
!
네, 할아버지가 주신 연구 노트인데 계속 가지고 다녔거든요.
총에 맞았는데도 멀쩡해요.

그 총… 혹시 반물질 총인지도 모르겠구나.
네? 반물질 총요?
반물질과 물질이 만나 반응하면 둘 다 소멸하고 말거든.
하지만 말도 안 돼… 그게 사실이라면…
너를 지켜 준 이 노트는 사라지지 않았으니 반물질로 이루어졌다는 뜻인데…!
네?
반물질은 물질로 이루어진 이 세계에서 금세 소멸해 버린다고. 도대체 어떻게 된 거지?
어쨌든 정말 고마워. 덕분에 목숨을 구했구나. 따뜻한 차 한잔 마시며 마음을 진정시키렴.
네….

촤악
부웅
다운아, 무슨 고민이라도 있니?
네? 아… 아녜요.
반물질 종이라니… 그 녀석들, 도대체 정체가 뭐지?
할아버지는 연구 노트의 비밀을 알고 내게 주신 걸까?
위이이잉

4화 ATOM
양자 암호, 도청은 이제 그만!
도대체 이 연구 노트의 정체가 뭐지?
할아버지가 시간 이동을 눈치채신 건가?
덜컥
민서 언니랑 교환 일기를 쓰는군!
아다닷
하하, 나한테 딱 걸렸어!
노크는 밥 말아 먹었니? 사생활 침해로 고소하겠어!
콱
무척 당황하는군

그래, 봐라! 봐!
아무것도 안
쓰여 있잖아!
촤라락
정말이네.
혹시 글자가 안 보이는
비밀 편지 아냐?
그냥
미스터리
영화를
찍어라.
다음 날
자, 실험을
시작합시다!
과학반
레몬
사포
아연판
구리판
LED 전구
먼저 구리판과
아연판의 양쪽 끝을
사포로 문지르자.
왜?
그래야
구리와 아연의 이온들이
활발하게 반응하거든.
이온?
슥
삭
슥 슥

보통 원자는 (+)전하와 (-)전하가 균형을 이루는 중성이잖아.
그런데 원자들이 서로 반응하면 전자를 얻거나 잃기도 해.
이렇게 전자를 얻거나 잃은 원자를 '이온'이라고 불러.
아, 그래서 전자를 얻으면 '음이온'!
전자를 잃으면 '양이온'이 되는 거구나!
내 제자로 인정하노라~.
인정받고 싶지 않거든?!
나도 시간 이동으로 많이 배웠다고!
뭐? 시간 이동?
깜짝
슥
아녜요! 조용히 할게요!

잡담은 그만하고
실험에 집중하세요.
ㅋㅋ
네.
이제 레몬을
반으로 자르자.
!
잠깐!
지난번에 칼 쓰다가 다쳤잖아.
이번에는 내가 할게.
심
쿵
히히, 재미있다!
자기가 하고 싶어서
그런 거였음?
슥 슥
다음은 레몬에
구리판과 아연판을
꽂고…

집게 전선을 연결해야 해. 구리판과 아연판을 번갈아서!
구아구아구아….
뭐라고?
구리, 아연, 구리, 아연이라고.
구아구아
웃어 줘야 되는 거?
자, 이제 LED 전구만 연결하면 돼!
척
잡고 있으면 내가 연결할게!
초집중
확

자, 다들 성공했나요?
네
예!!
아뇨~.
실패한 팀
레몬 전지의 원리는 아주 간단해요.
전자를 얻은 아연판이 (-)극
−
+
전자를 잃은 구리판이 (+)극이 되어
전지 역할을 하는 거죠.
실험을 모두 마쳤으니 실험 결과 보고서를 씁시다!
네~
어, 너 지금 뭐 하는 거야?
꽈악
쭉
먹는 거 가지고 장난치는 거 아니다~
비밀 편지!
?
?
?
슥 슥
!
뭐야, 유치하게. 레몬 즙으로 쓰는 비밀 편지라니!

비밀 편지라…!
그거 좋은 생각이군!
유치해도 상관없어.
마음을 전달할 수만
있다면….
…….
슥슥
여기!
척
!
비밀 편지…
나한테 쓴 거였어?
어떻게
읽는지 알지?
집에 가서 봐.
후다닥
엇, 정다운!

살살…
타지 않게…
살살…
나온다!
스윽
민서야
실험 재미있었지!
네가 과학을 좋아해서
나도 정말 좋아.
우리 영원히….
지글
지글
불이야!
촤
악
민서야,
방에서 뭐 하는 거야!
불장난하면 안 돼!
불장난이 아니라
과학 실험이란
말이야!

그나저나…
엄마 때문에
마지막 부분을
못 읽었잖아!
편…
편지야?
뚝
뚝
미안…
그래도 혼자
불 실험은 안 돼!
그래서 다
못 읽었다고?
응…
마지막에 뭐라고
쓴 거야?
"우리 영원히…"?
그걸 내 입으로
어떻게 얘기해?
혹시… "우리 영원히
시간 이동 함께 하자…"
뭐 이런 거야?
헉!
맞구나?
맞지?
그렇지?
그거지?
응응?
그만해!
그런데 비밀 편지에
불을 쬐이면 왜 글씨가
나타나는 거지?
신기해!
그건 간단해.

레몬 즙의 성분은
탄소, 산소, 수소 원자가 결합된 '시트르산'이야.
$C_6H_8O_7$
이걸 불로 가열하면 수소와 산소는 날아가고 탄소만 남게 돼. 그 결과 거무스름한 글씨가 나타나는 거지.
안녕!
C_6
비밀 편지라고 하기엔 보안이 너무 취약한데?
레몬 즙으로 뭘 더 바라...
할아버지께 들었는데…
양자 암호라는 것이 있대.
양자 암호? 양자 컴퓨터랑 관련 있는 건가?
나도 몰라!
파인만
글쎄
시간 이동 해서 가 보면 알겠지!
콜!
슈
웅

우리도 가자! 양자와 암호의 결합… 윽!
퍽
가슴에 멍든 것 같아! 쿨럭….
악
좌
죄송해요 저도 모르게 그만…
1984년 미국 IBM 연구소
우와, 컴퓨터가 잔뜩 있네!
다 옛날 컴퓨터야.
모니터가 상자 같아. 킄킄.
옛날 컴퓨터라니! 이것들은 모두 최신식이라고!
스윽
이곳에서도 녀석의 냄새가 나는데?
킁킁

그런데 너희들은 누구니?
저는 한국에서 온 다운이고요…
쿵쿵
제 옆은 민서예요.
왜 얼굴이 빨개지는데?
나는
나는?
저희는 양자역학을 배우고 있어요.
뭐? 너희 같은 꼬마들이 양자역학을?
네, 지난번에는 리처드 파인만 교수님을 만나서 양자 컴퓨터에 대해 배웠어요.
오, 대단하구나!
나는 찰스 베넷 박사란다. 뭔가 궁금해서 나에게 온 것 같은데…
네!
맞지?
저희가 비밀 편지를 주고받다가…
양자역학이 암호와도 관련이 있는지 궁금해서 왔어요.

양자역학과 암호? 그건 지금 내가 연구하는 분야란다. 너희들 운이 좋구나!
어디 보자…
?
이게 뭔지 알겠니?
휙
K NQxG AQW
전혀 감을 잡을 수가 없네요.
나는 딱 보니 알겠는데? "I love you"라는 뜻이죠?
빙고!
킁킁
K NQxG AQW
어떻게 알았니?
저는 사랑꾼이거든요~.
뭐야 그 멘트는
I LOVE YOU
K NQxG AQW
그래, 맞다!
알파벳을 두 글자씩 밀려 쓴 거잖아요.
오!

암호는
주로 전쟁 때
적군 몰래 중요한
소식을 전하기
위해 많이
사용됐는데…
그 암호에 비하면
이건 쉬운 암호라
금세 해독되지.
휙
사랑을 버리다뇨!
하지만…
양자 암호는 절대
풀 수 없어!
양자 암호!
킁킁
양자역학에 따르면
전자의 위치와 운동량을 동시에 정확히
측정할 수 없고…
나 잡아 봐라!
샤
슉
입자의 상태는 모두 확률적으로
중첩되어 있지.

이런 양자역학의 특성을 이용하면 양자 컴퓨터를 만들 수 있단다.
!
지난번에 배웠죠!
고전 컴퓨터는 0과 1만 사용해서 작동하지만….
!
양자 컴퓨터는 0과 1뿐만 아니라, 0과 1이 중첩되어 있는 상태도 사용하죠.
바로 큐비트!
qubit
00 01 10 11
Bit
Qubit
0
0
1
1
제대로 알고 있구나!
양자 암호는 0과 1이 중첩된 양자 중첩 상태를 사용하는 암호 체계야.
0
1
큐비트는 외부에서 누군가 한 번이라도 관측하면…
0
1

0 또는
0
0
1
1, 둘 중 하나의 값으로
결정되지.
1
누군가 관측한다는 걸
숫자들이 알고
있는 것 같네.
숫자는
살아 있다!
1 0
그래서 양자 암호를 복사하거나 도청하면
정보가 달라지니까 도저히 암호를 알아낼 수가 없어.
변신술!
암호
!
양자 컴퓨터는
수많은 암호를
빠르게 척척
해독하고…
날 셜록 퀀텀이라고
불러 줘!
Quantum
Computer
암호
양자 암호는 어떤
컴퓨터로도 해독하거나
도청할 수 없어.
따라서 막강한
보안 체계를
만들 수 있지.
Q
암호

척
양자 컴퓨터와 양자 암호는 창과 방패와도 같아.
음, 먼 훗날 양자 암호도 해독할 수 있는 날이 올까?
엇, 수상한 냄새가 진해졌어!
엇, 너희들은 또 누구니?
왈왈!
브라사르 박사님께서 베넷 박사님께 비밀 편지를 전해 주라고 하셨습니다. 레몬 즙으로 쓰셨다고 합니다.
척
나와 함께 양자 암호를 연구하는 브라사르 박사가 비밀 편지를?
이런 적은 처음인데….

이 편지는 또
언제 썼대요?
과학 수업
시간에….
속닥
속닥
박사님! 저 아이들은
위험해요! 이상한 총을
가지고 있어요!
콱
저런 아이들이
뭐가 위험하겠니?
슥
어쨌든 브라사르 박사의
편지라니 읽어 봐야 해.
!
쿵
양자역학은
없어져야 한다!
고전역학만이
우리를 구원할 수
있다!
사라져라!
팡

엇!
화 악
척
!
펴… 편지가
사라졌어….
이번엔…!
팡
슈아악
팡
엇!
이 숫자들은
뭐지…?
이런, 이번에도
실패다! 튀어!
탁
탁

이… 이게 어떻게 된 일이지?
괜찮으세요? 베넷 박사님?
너무 놀라서 머리가 아프구나. 궁금한 게 있으면 여기로 연락하렴.
나는 오늘 좀 쉬어야겠다…
아까 그 편지를 보니까 양자역학이 없어져야 한다고 쓰여 있었어.
슈아악
이 연구 노트에서 숫자들이 빠져나왔어. 뭐지?
아무래도 할아버지께 여쭤봐야겠어.
그 아이들은 양자역학을 없애는 게 목적인 것 같아.
단둘이 그런 일을 꾸미진 못할 텐데… 뒤에 더 큰 조직이 있을지도 몰라.

5화
블랙홀에서도 빠져나올 수 있다!
할아버지, 할머니! 저희 왔어요!
어서 오너라.
할아버지, 요즘도 '위, 아래' 춤 자주 추세요? 히힛.
그럼! 운동 삼아 아침저녁으로 추고 있지!
헙 헙
영감, 주책은 그만!
할아버지, 여쭤볼 게 하나 있어요.
뭘 말이냐?
이 노트 말인데요….
슥
엇!

?
쮜!
쮜!
노트 얘기는 좀
나중에 하자꾸나!
!
지그시
분명히 뭔가
비밀이 있구나!
그것보다…
이걸 먼저 보렴.
"블랙홀에 빠져도 솟아날 구멍 있다"
호킹 '사건의 지평선' 새 가설 제시
블랙홀에 빠져도 솟아날
구멍 있다?
왈
받아
할아버지, 블랙홀은
중력이 너무 커서
빛도 빠져나오지
못하는 천체잖아요.
맞아, 그래서 '검은
구멍'이라고 부르지.

역시… 블랙홀을 오랫동안 연구한 호킹 교수답네요.
호킹 교수 전에도 많은 사람들이 블랙홀을 연구했단다.
네?
뉴턴이 중력의 법칙을 발표했을 때부터 블랙홀의 존재가 예견됐지.
블랙홀의 출발점은 나라고~.
중력이 엄청나게 커지면 빛도 탈출하지 못할 거라 여겨졌어. 그 후 블랙홀은 여러 이름으로 불렸단다.
어두운 별! (Dark Star)
!
쩝.
얼어붙은 별! (Frozen Star)
러시아 과학자
어둡고 춥고 무섭고 부정적인 이름들이네요.
내가 왜 이런 취급을 받아야 하는데!
무서워
그런데 1967년 미국의 물리학자 존 휠러가 '블랙홀'이라는 이름을 쓰기 시작했지.
말 그대로 '검은 구멍' 이군요
그런데 말입니다…

따지고 보면 내가 블랙홀이란 말을 만든 건 아냐.
악! 뭐예요?
휠러가 '어두운 별'에 대해 강연하던 중…
Dark Star
이 천체는 중력에 의해 완전히 붕괴된 별로….
박사님, 그냥 '블랙홀'이라고 부르면 어떨까요?
오! 좋은 이름이군요.
그때부터 휠러가 그 이름을 사용했던 거야.
결국엔 무명의 청중이 지은 이름이었네요!
블랙홀!
청중이 지은 이름이죠
그런데 1975년 스티븐 호킹 교수가 어떤 이론을 발표해서 세상을 깜짝 놀라게 했지.
잘 들어~.
블랙홀은 검지 않다!
쿵
엥!

오호!
말도 안 돼요! 블랙홀은 우주의 물질들은 물론 빛까지 빨아들여서 검게 보인다고 들었는데요!
시간 이동을 해서 그런지 그사이 많이 똑똑해졌구나.
네넷?
시, 시간 이동요? 그걸 어떻게…?
아차!
그, 그게 아니고 시간이 갈수록 똑똑해진다고….
네….
그나저나 호킹 교수님은 왜 블랙홀이 검지 않다고 했죠?
그렇다고 이런 색은 아니야~
…….
그건 호킹 교수를 직접 만나서 물어보면 되잖니?
헉! 제가 시간 이동 한다는 걸 아시는 거예요?

그, 그게….
하아… 넌 되도록 이런 일에 끼지 않으면 좋겠는데….
네?
그 연구 노트는 내가 시간 이동을 하면서 알게 된 걸 정리한 거란다.
쿵
그럼 할아버지도 시간 이동을 하셨…!
텁
나가서 얘기하자꾸나.
지금 얘기하는 건 절대 비밀이다.
당연하죠! 지금도 시간 이동을 하실 수 있어요?
찌륵 찌륵
지금은 못 한단다.
아주 오래전에 한창 양자역학을 공부하다가 우연히 시간 이동을 하게 됐지.

혹시 할아버지가 시간 이동을 하실 때에도 방해꾼이 있었나요?
!
있었지!
역시!
그 사람들은 고전역학의 신봉자들이었어.
젊을 때
양자역학이 없어져야 한다고 믿는 집단이었지.
그렇다면 그 애들도…!
그 애들?
어떤 애들이 나타나서 절 방해하고 있어요.
그렇구나.
준비 다 됐어요! 식사하세요!

찡긋.
우리 둘만의
비밀이다!
찡긋.
며칠 후
겨운이는?
학교에서
현장 체험학습 갔어.
쩝
어묵
떡볶이
라면
쩝
오랜만에
겨운이 없이
우리 둘이
데이트하네?
떡볶이나 먹어.
흥, 좋으면서~.
파 팍

천천히 먹어.
그러다 체하겠다.
네가 무슨 블랙홀이라도
되는 줄 알아?
!
아차,
블랙홀!
왜?
어제
할아버지랑
블랙홀에 대해
얘기했었어.
깜딱
이야
'블랙홀' 하면
스티븐 호킹
교수잖아.
묵
떡볶이
면
맞아,
더 알고 싶은 것들이
아직 많아.
가 볼까?
끄덕
양자역학과
블랙홀, 합체!
팍
우리도
출발!
끄덕
슈
악

2015년 영국 런던
스티븐 호킹 교수의 집
엥, 2015년이잖아?
여태껏 했던 시간 이동 중 가장 최근이야.
?
위 잉
이크!
너희들은 누구니?
휙
저희들은 한국에서 온 다운이와 민서라고 해요.
얘는 믹스고요.
교수님께서 새 이론을 발표하셨다고 해서 한국 기자 대표로 왔어요.
인터뷰를? 그런 약속은 안 했는데…

한국이라면…
나도 가 본 적이 있는 나라구나.
내일 스웨덴에서 발표가 있어 바쁘긴 하지만, 어린이들이니 무례를 용서하마.
감사 합니다
저희들은 시간 이동을 하면서 양자역학을 배우고 있어요.
야, 그걸 얘기하면 어떻게 해!
괜찮아. 우리를 만난 걸 기억하지 못하실 거야.
그런가?
시간 이동?
네.
블랙홀과 화이트홀을 잇는 웜홀을 통해 시간 이동을 했단 뜻이니?
그것까지는 잘 모르겠지만 시간 이동 덕분에 많은 과학자를 만났어요.

후훗, 재밌는 아이들이구나. 나도 시간 이동을 할 수 있다면 1963년으로 돌아가고 싶단다.
왜 그때죠?
그때부터 루게릭 병(근위축증)을 앓기 시작했거든.
근육에 힘을 줄 수가 없어. 왜 이러지?
그때로 돌아가 병을 치료할 수 있다면….
죄송해요. 제가 괜한 얘기를….
괜찮아. 그냥 개인적인 하소연일 뿐이야.
힘든 상황에서도 블랙홀을 연구하시고 새로운 사실들을 밝혀내셨잖아요! 대단하세요!
어쨌든 블랙홀은 아주 매력적인 천체란다.
중력이 매우 세서 빛조차 빠져나오지 못한다니 얼마나 특이하니.
특이점
블랙홀의 중심을 '특이점'이라고 해.

특이점의 중력은 무척 크기 때문에
특이점에서 한참 떨어진 곳에서도
슈바르츠실트의 반지름
특이점
사건의 지평선
나는 어쩌지 못하겠지?
탈출 속도가 빛의 속도인 초속 30만 km를 넘어야
블랙홀에 빨려 들어가지 않을 수 있어.
빛
크어엉!
빛도 빠져나갈 수 없다고!
헐!
블랙홀은 모든 것을 빨아들이지.
만약 질량이 태양과 비슷한 천체가 블랙홀이 된다면 주변 3km 이내에는 빛의 속도로도 탈출할 수 없는 공간이 생긴단다.
사건의 지평선
슈바르츠실트의 반지름
특이점
빛이 탈출할 수 없는 공간의 경계를 '사건의 지평선'이라고 하고요!
블랙홀의 반지름을 '슈바르츠실트의 반지름'이라고 하는 거군요.
난 요즘 다이어트해서 반지름이 줄었지

사건의 지평선이란,
태양이 지평선 아래로 지고 나면
보이지 않듯이…
안녕~
안 보이는 사이에 딴짓하지 마
사건의 지평선 안에서 일어나는 일을 볼 수 없기 때문에 붙은 이름이야.
아무도 몰라! 며느리도 몰라!
그런데 문득 한 가지 의문이 생겼어.
블랙홀에서는 정말 아무것도 빠져나올 수 없는 걸까?
오랜 고민 끝에 양자역학을 블랙홀에 적용해 보고 싶다는 생각이 들었지.
양자역학
+
블랙홀
!
그 결과가… '호킹 복사 이론'?
알고 있구나! 똑똑한걸.
계속 연구를 해 보니 블랙홀이 뭔가를 방출하고 있다는 확신이 들었어.
맞혀 봐.
그래서 블랙홀은 결코 검지 않다는 결론을 내렸던 거지.

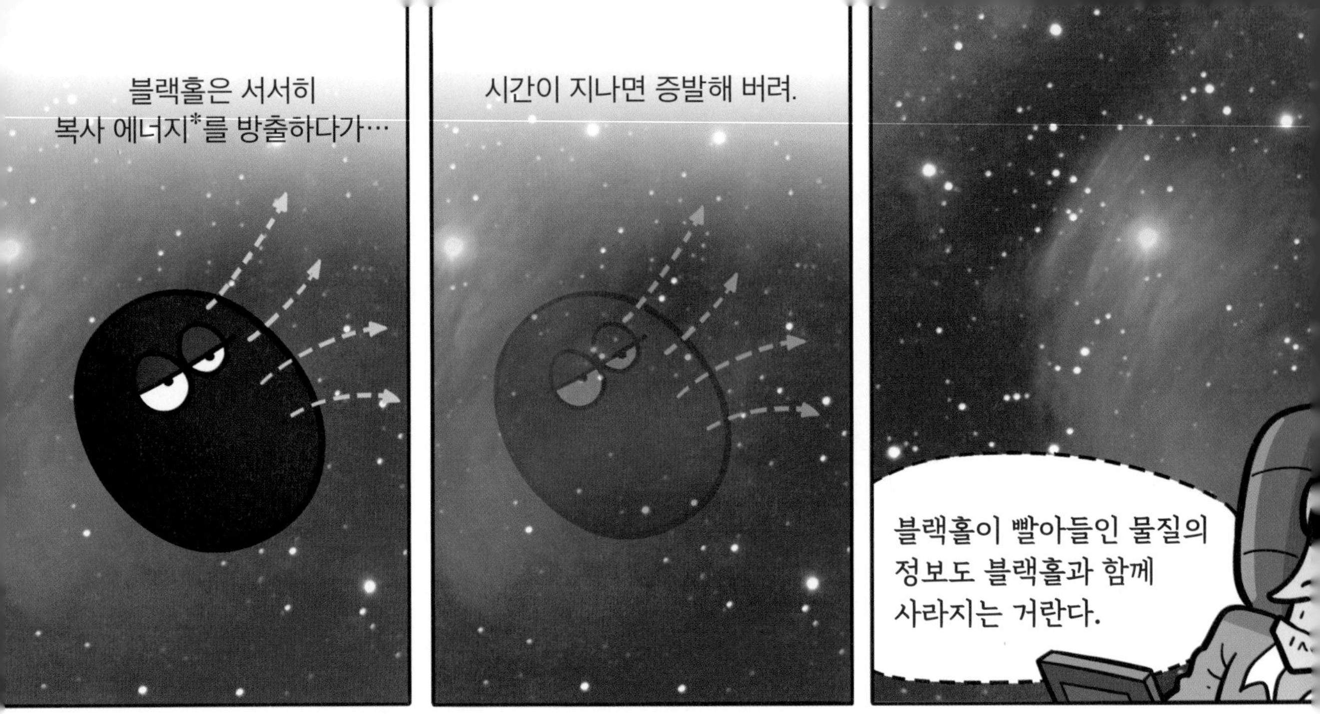

블랙홀은 서서히
복사 에너지*를 방출하다가…
시간이 지나면 증발해 버려.
블랙홀이 빨아들인 물질의 정보도 블랙홀과 함께 사라지는 거란다.

* 특정한 온도의 물질이 방출하는 전자기파를 '복사'라고 한다.

이것이 바로 내가 1973년부터 생각했던 호킹 복사 이론이야.
그런데….
그런데…?
좀 더 연구해 보니 이 이론은 양자역학의 원리와 맞지 않는다는 걸 알게 됐어.
NO!
호킹 복사 이론
양자 역학
양자역학에 따르면 입자가 상호 작용을 통해 흡수되거나 붕괴되더라도…
정보는 영원히 존재해!
그 입자의 정보는 사라지지 않거든.

그래서 2004년에는 블랙홀에 빨려 들어간 정보가 다시 방출될 수 있다고 이론을 수정했지.
흡
예전
다~ 먹어 버리겠어!
후~
2004년 이후
뱉어 내는 것도 있음!
그럼 다시 새로운 이론을 제안하신 거군요.
그렇단다.
블랙홀에 빠져도 나올 수 있는 길이 있다!
블랙홀은 영원한 감옥이 아니다!
블랙홀에 빨려 들어갈 때 물질의 정보는 블랙홀 내부가 아니라
사건의 지평선에 저장되는 것 같아.
사건의 지평선
블랙홀
그 결과 블랙홀에 들어온 물질은 블랙홀 밖이나, 아니면 또 다른 우주로 갈 수 있어.
사건의 지평선
정보
블랙홀
다른 우주

이게 내가 만든 이론의 내용이란다.
실례하겠습니다.
덜컥
휠체어 점검하러 왔습니다.
아, 그래요? 어서 들어오세요.
어라? 어린 분들이 점검을 나왔네?
뚜벅
뚜벅
외모만 그렇지 어른입니다. 걱정 안 하셔도 됩니다.
벌떡
호킹 교수! 이제 당신의 연구도 오늘로 끝이야!
척

재네들 또 왔어!
으르르
누구지,
너희들은…?
양자역학으로 세상을
설명하려 드는 사람들을
없애기 위해 왔지. 고전역학만이
인류를 구원할 수 있다!
끼
릭
악!
콱
구원은
개뿔!
팡
잘했어, 믹스!
이놈이!
팡

안 돼!
끄~응….
후닥닥
얼른 도망가자!
어라? 믹스가 사라지지 않았어!
나 잘해쪄?
살랑 살랑
믹스~.
숨막혀…
괜찮으세요? 많이 놀라셨겠어요.
이게 도대체 무슨 일이니…
양자역학에 반대하는 사람들이라니….
저희들을 따라다니면서 이런 짓을 한 게 벌써 몇 번째인지 몰라요.
너희들이 걱정이구나. 도울 수 없어 미안하다.

난 이만 발표하러 스웨덴으로 가야 할 것 같구나. 늘 조심하거라.
네, 교수님도 조심하세요.
위잉
촤악
믹스가 무사해서 다행이야. 그런데 어떻게 반물질 총에 맞고도 사라지지 않은 거지?
냐 냐 냐
혹시 얘가 동물이라서 그런가? 아니면 믹스가 반물질로 이루어졌나?
내가 어렸을 때 할아버지가 믹스를 데려오셨는데…
할아버지가 시간 이동을 하시다가 믹스를 데려오신 건가?
뭐? 할아버지께서 시간 이동을?
할아버지께서 어떻게? 믹스는 어디서 온 거야? 그 노트는 뭐고?
어우, 머리 아파! 할아버지를 만나야겠어.

6화 1g에 62조 달러? 반물질의 비밀

할아버지!
다운아!

가족들이 모르는 게 좋을 것 같아서 여기로 불렀다. 이해하렴.
괜찮아요, 할아버지.

할아버지는 어떻게 시간 이동을 하게 되셨어요?

일본에서 박사 학위를 받고 미국으로 1년간 공부하러 간 적이 있었지.

1975년 미국
입자 가속기 연구소
이봐, 가속기 확인이 끝나 가니까 내가 나가면 가속기를 작동해 줘.
알겠네.
자, 이제 켠다.
꾹.
엇!
자, 잠깐! 지금은 너무 일러! 문을 완전히 닫아야 한다고!
팍
화악
이봐! 괜찮아?
악!
아악!

저도 CERN*에 갔다가 빛을 쬐었어요.
그렇구나. 나는 그때부터 시간 이동을 할 수 있었지.
처음에는 나 혼자 이동했어.
촤 악

* 유럽 입자물리 연구소.

시간 이동을 하면서 어려운 양자역학을 꽤 쉽게 배울 수 있었지.
!
그럼 친구분은….
아, 양자역학은 우주의 이치에 맞지 않는 말도 안 되는 이론이야!
양자역학 타도
그 친구는….
어느 날부터인가 내가 이동한 곳에 나타나 과학자들의 연구를 방해하더구나.
엇 너는!
양자역학은 인류를 파멸시킬 거야!
반물질 총을 가지고 다니면서 말이야!
팡
저랑 똑같은 상황!
사라져라 양자역학

초등학생을 위한 양자역학 5

과학자 캐릭터 카드

한 장씩 떼어서
사용하세요.

도모나가 신이치로

41

일본의 물리학자(1906~1979)
전자기장과 상호 작용 하는 전자의 질량이 무한대 값이 되는 문제를 해결하여 양자 전기역학의 발전에 크게 기여했다.

점수 3000

42번 파인만 카드와 조합 가능

해나무

리처드 파인만

42

미국의 물리학자(1918~1988)
전자와 광자의 상호 작용을 그림으로 나타내는 '파인만 다이어그램'을 고안했고, 양자 컴퓨터의 개념을 처음으로 제안했다.

점수 4500

41번 도모나가 카드와 조합 가능

해나무

머리 겔만

43

미국의 물리학자(1929~2019)
중입자와 중간자가 더 근본적인 입자인 '쿼크'로 이루어진다고 주장했다. 중입자와 중간자를 전하, 스핀, 기묘도에 따라 배열한 '팔정도'를 통해 새로운 입자의 존재를 예측했다.

점수 4300

45번 호킹 카드와 조합 가능

해나무

찰스 베넷

44

미국의 물리학자(1943~)
'양자 중첩' 이론을 응용하여 복사와 도청이 불가능한 양자 암호를 고안했다.

점수 3300

49번 차일링거 카드와 조합 가능

해나무

스티븐 호킹

45

영국의 물리학자(1942~2018)
블랙홀이 복사 에너지를 방출하며 서서히 증발한다는 '호킹 복사 이론'을 제안했고, 블랙홀에 빨려 들어간 물질의 정보가 사건의 지평선에 저장된다고 주장했다.

점수 4200

43번 겔만 카드와 조합 가능

해나무

KC마크는 이 제품이 공통안전기준에 적합하였음을 의미합니다.
어린이제품 안전특별법에 의한 기타표시사항
제품명 과학자 캐릭터 카드 | 제조자명 (주)북하우스 퍼블리셔스 | 전화번호 02-3144-3123
주소 04043 서울시 마포구 양화로 12길 16-9(서교동 북앤빌딩) | 제조년월 2024년 6월 1일 | 사용 연령 11세 이상

해나무

초등학생을 위한
양자역학

초등학생을 위한
양자역학

초등학생을 위한
양자역학

초등학생을 위한
양자역학

초등학생을 위한
양자역학

과학자 캐릭터 카드

게임 방법은
책 215 쪽을
참고하세요.

프랭크 클로우스

46

영국의 물리학자(1945~)
교양 과학 책 『반물질』을 집필해서 대중에게 반물질을 이해시키는 데 크게 기여했다. CERN에서 대중 교육 책임자를 맡았다.

점수 3600

48번 드렉슬러 카드와 조합 가능

시어도어 메이먼

47

미국의 물리학자(1927~2007)
어떤 물질에 빛을 쬐이면 그 자극으로 인해 원자가 빛을 방출한다는 '유도 방출' 이론을 응용하여 레이저를 만들었다.

점수 4000

50번 레이저 카드와 조합 가능

에릭 드렉슬러

48

미국의 나노과학자(1955~)
나노과학 분야의 창시자로 여겨진다. 나노과학이 세상에 가져올 변화를 내다본 책 『창조의 엔진』을 집필했다.

점수 3600

46번 클로우스 카드와 조합 가능

안톤 차일링거

49

오스트리아의 물리학자(1945~)
최초로 '양자 얽힘' 이론을 응용한 '양자 원격 전송' 실험에 성공했다. 양자 얽힘은 두 입자가 아무리 멀리 떨어져 있더라도 한 입자의 상태가 결정되는 즉시 다른 입자의 상태도 결정된다는 이론이다.

점수 4200

44번 베넷 카드와 조합 가능

레이저

50

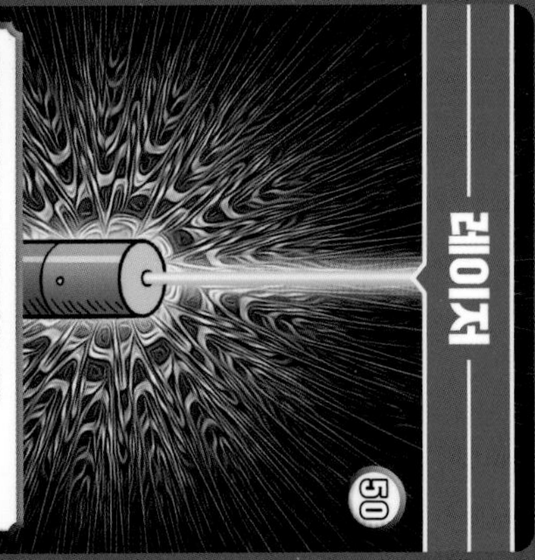

빛의 세기를 증폭시켜 광선을 방출하는 장치
물리학자 메이먼이 아인슈타인의 '유도 방출' 이론을 응용하여 만들었다. 금속 절단, 바코드 인식, 암세포 제거 등 다양한 용도로 사용된다.

점수 700

47번 메이먼 카드와 조합 가능

KC마크는 이 제품이 공통안전기준에 적합하였음을 의미합니다.
어린이제품 안전특별법에 의한 기타표시사항
제품명 과학자 캐릭터 카드 | 제조자명 (주)북하우스 퍼블리셔스 | 전화번호 02-3144-3123
주소 04043 서울시 마포구 양화로 12길 16-9(서교동 북앤빌딩) | 제조년월 2024년 6월 1일 | 사용 연령 11세 이상

초등학생을 위한
양자역학

초등학생을 위한
양자역학

초등학생을 위한
양자역학

초등학생을 위한
양자역학

초등학생을 위한
양자역학

그럼 그 사람도
고전역학의 신봉자…!
그런 조직이
아직 남아 있다는
얘기를 들었다.
참! 얼마 전
믹스가
반물질 총에
맞았는데
아무 일도
일어나지
않았어요.
믹스도
시간 이동을
했다는 거니?
네.
혹시 믹스도 CERN에서
너와 함께 빛을 쬐었니?
네, 맞아요!
그렇다면 그 빛을
쬐어서 반물질 총이
소용없는 게 아닐까
싶다… 나에게도
통하지 않았으니까.
네가 위험한 일에
말려드는 것 같아서
걱정이 되는구나.

다운아, 시간 이동을 그만두면 안 되겠니?
할아버지 말씀이 맞다면… 전 반물질 총에 맞아도 괜찮지만 과학자들은 그 총에 맞으면 사라지는 거잖아요.
!
과학자들을 지키기 위해서라도 시간 이동을 계속해야 해요!
시간 이동을 영원히 할 수 있는 것은 아니란다.
쿵
내 경험상 반물질 총에 맞을수록 시간 이동의 기회가 줄어들었어.
…….
그렇다면… 반물질 총에 많이 맞으면 현재로 돌아오지 못할 수도 있는 건가!

다음 날
세상에! 할아버지께 그런 일이 있었다니!
부전자전… 아니지. 조전자전이네?
조전자전? 국어사전에 등록해야겠다.
그럼 내가 총에 맞으면 투명 인간이 되는 건가?
투명 인간이 아니라 존재 자체가 사라지는 거야!
그런 일이 생기지 않도록 내가 막아 줄게.
정말?
그래서 믹스가 총에 맞고도 사라지지 않았군!
다운이에게도 소용없고…
하지만 민서는… 후후.
반물질이 도대체 뭐길래 그런 무기를 만들 수 있는 거지?
슉!

예전에 폴 디랙 박사님께 듣긴 했는데….*
돌돌
아! 뉴스에서 본 적 있어. 세상에서 가장 비싸다고 하던데?
1g에 62조 달러로 추정하고 있대….

* 『초등학생을 위한 양자역학 3』 4화 참고.

어마어마하다! 우리 돈으로 얼마야?
약 7경 원…
헐!
반물질에 관한 책을 쓰신 영국의 교수님이 계신다고 들었어. 성함이 프랭크 클로우스라고 하던데, 한번 만나 보자!
반물질 총에 대한 비밀을 알아내지 못하게 해야겠군.
촤악
촤악

2009년 영국
옥스퍼드 대학교
뭐?
너희들이 시간 이동을 하고
호킹 교수까지 만났다고?
네.
이제 대놓고 말하는구나
허허, 재밌는 꼬마들이구나. 그럼 나도 시간 이동 좀 시켜 주렴. 과거의 위대한 과학자들 좀 만나게.
교수님께서 반물질에 관한 책을 쓰셨다고 들었어요.
킁킁
맞다. 얼마 전에 출간됐지.
저희는 반물질이 궁금해서 왔어요.
그게 뭔지 자세히 알려 주세요
1928년 영국의 물리학자 폴 디랙이 처음으로 그 존재를 예견했지.

파동 방정식을 풀던 디랙 교수는 전자의 에너지가 양(+)과 음(-), 두 가지로 나뉜다는 사실을 발견했어.
어라?
방정식을 잘못 풀었다고 생각할 수도 있었지만…
디랙 교수는 달랐어.
음, 흥미롭군!
음의 에너지도 분명히…
자연의 일부일 거야!
보어의 원자 모형*을 보자….
슥
* 『초등학생을 위한 양자역학 1』 8화 참고.
특정 궤도에서 운동하던 전자들은 에너지를 잃으면 빛을 방출하면서 안쪽 궤도로 움직이지.
전자
원자핵
전자
빛
팍
원자핵
에너지를 얻으면 바깥쪽 궤도로 움직이고요!
그래.
빛
원자핵

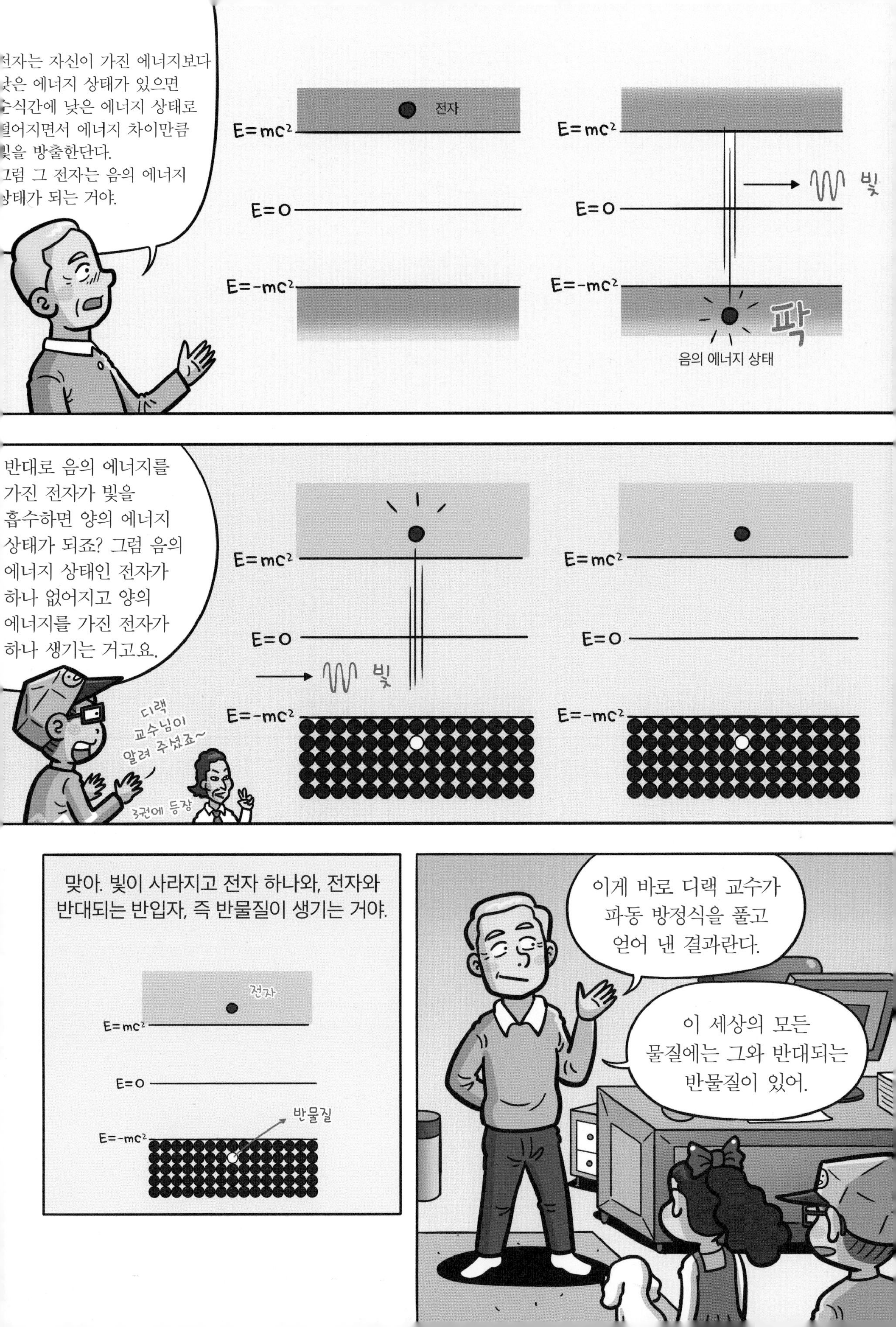

전자는 자신이 가진 에너지보다 낮은 에너지 상태가 있으면 순식간에 낮은 에너지 상태로 떨어지면서 에너지 차이만큼 빛을 방출한단다. 그럼 그 전자는 음의 에너지 상태가 되는 거야.
전자
$E=mc^2$
$E=0$
$E=-mc^2$
빛
팍
음의 에너지 상태
반대로 음의 에너지를 가진 전자가 빛을 흡수하면 양의 에너지 상태가 되죠? 그럼 음의 에너지 상태인 전자가 하나 없어지고 양의 에너지를 가진 전자가 하나 생기는 거고요.
$E=mc^2$
$E=0$
빛
$E=-mc^2$
디랙 교수님이 알려 주셨죠~
3권에 등장
맞아. 빛이 사라지고 전자 하나와, 전자와 반대되는 반입자, 즉 반물질이 생기는 거야.
전자
$E=mc^2$
$E=0$
반물질
$E=-mc^2$
이게 바로 디랙 교수가 파동 방정식을 풀고 얻어 낸 결과란다.
이 세상의 모든 물질에는 그와 반대되는 반물질이 있어.

실제로 3년 후인 1932년에 미국의 칼 앤더슨이 전자의 반물질을 발견했지.
바로… '양전자'!
!
방가방가!
반양성자와 반중성자도 발견됐대요.
오, 대단하구나! 그걸 알고 있다니!
하지만 반물질은 물질과 만나면 빛을 내면서 소멸되기 때문에 자연에 존재하기 어려워. 이런 현상을 '쌍소멸'이라고 해.
물질
반물질
빛
쌍소멸
반물질이 뭐시다냐?
그래서 가격이 그렇게 비싼 건가요?
그런 이유도 있지만 다른 이유 때문이기도 해.
태양
반물질
지구에 도달하는 햇빛의 10%는 반물질에서 오는 거야.
햇빛
10%
지구
태양 내부에서 수소 원자핵들이 핵융합을 일으켜 헬륨 원자핵이 되는데…
수소 원자핵 4개
핵융합
헬륨 원자핵 1개

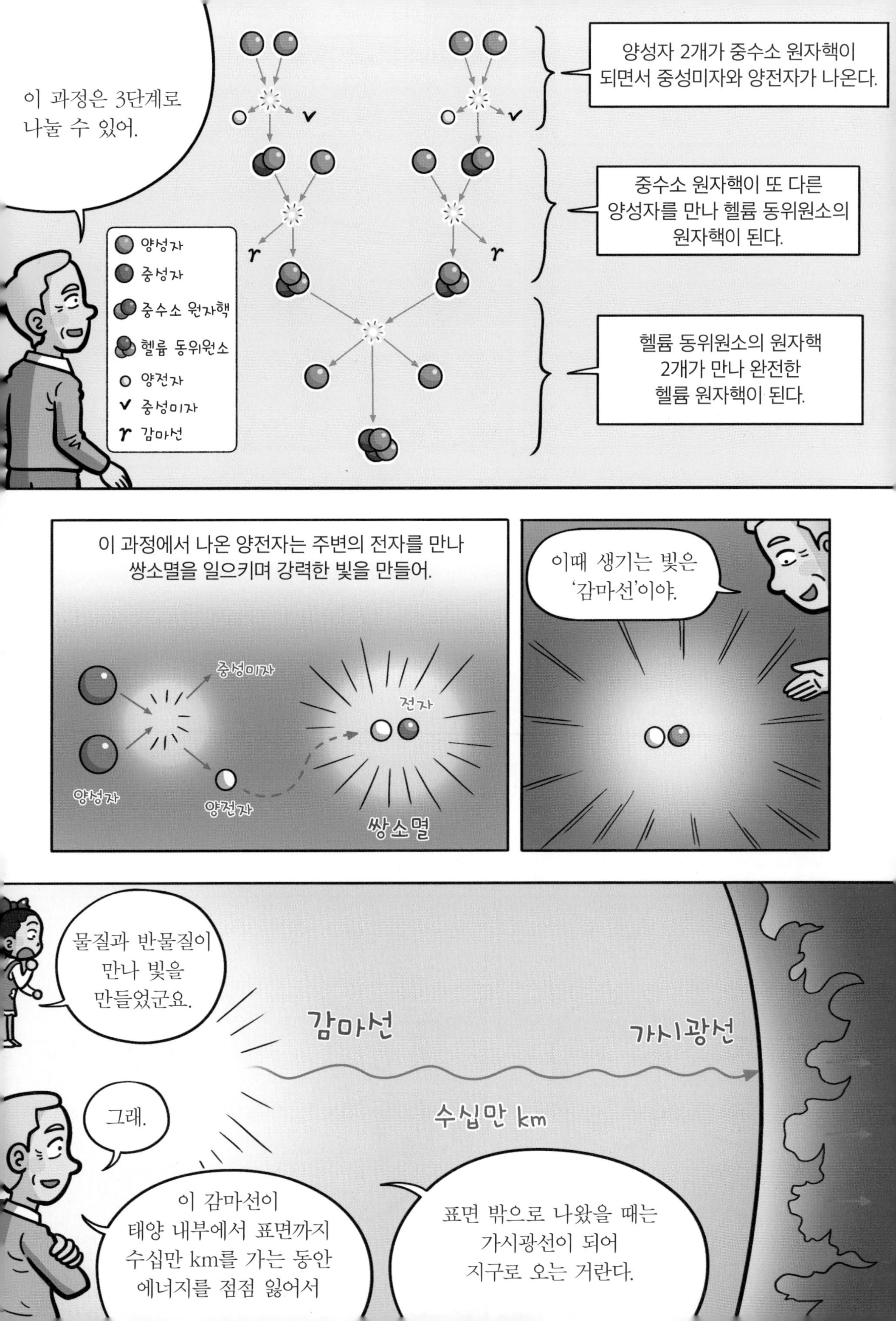
이 과정은 3단계로 나눌 수 있어.
양성자
중성자
중수소 원자핵
헬륨 동위원소
양전자
중성미자
감마선
양성자 2개가 중수소 원자핵이 되면서 중성미자와 양전자가 나온다.
중수소 원자핵이 또 다른 양성자를 만나 헬륨 동위원소의 원자핵이 된다.
헬륨 동위원소의 원자핵 2개가 만나 완전한 헬륨 원자핵이 된다.
이 과정에서 나온 양전자는 주변의 전자를 만나 쌍소멸을 일으키며 강력한 빛을 만들어.
중성미자
양성자
양전자
전자
쌍소멸
이때 생기는 빛은 '감마선'이야.
물질과 반물질이 만나 빛을 만들었군요.
감마선
가시광선
수십만 km
그래.
이 감마선이 태양 내부에서 표면까지 수십만 km를 가는 동안 에너지를 점점 잃어서
표면 밖으로 나왔을 때는 가시광선이 되어 지구로 오는 거란다.

빛이 태양 내부에서
밖으로 나오는 데
무려 10만 년이 걸리지.
10만 년
너무 늙어 버렸어
내가 좀
크지?
따라서 우리가 지금 보는
햇빛 가운데 10%는
10만 년 전에 핵융합으로
만들어진 양전자에서
왔다고 할 수 있어.
10만 년…
아주 오래된
빛이네요.
반물질 1g은
적은 양이지만…
반물질
원자 수준에서
보면 어마어마한
양이야.
CERN
반양성자
10조 개
CERN에서 반양성자를
1년 동안 10조 개를
만들었다고 하는데…
10조 개!
혹시 10kg 정도
될까?
이런 속도로는
우주의 나이만큼 시간이
더 지난다 해도 1g을
만들 수 없단다.
헉!
비쌀
만하네!
이번에는 어떻게
들어가죠?
글쎄…
지금 생각 중이야.

클로우스 교수는 반물질에 관한 유명한 책을 쓴 사람이니…
이 방법은 어떨까요?
?
속닥 속닥
좋았어!
반물질은 물질과 만나면 쌍소멸을 일으키기 때문에…
물질과 만나지 않도록 따로 분리해 놓는 기술이 필요하지.
스톱!
독일의 물리학자 한스 데멜트가 전자기장 안에 양전자를 가둬 두는 방법을 개발해서 1989년 노벨 물리학상을 받았어.
CERN에서도 반수소 원자를 1000초 동안 가둬 두는 데 성공했다는 얘기를 들었어요.
CERN
반수소 원자

물질과 반물질이 만나면 쌍소멸되면서 어마어마한 에너지가 방출된단다.
$E = mc^2$, 즉 '질량-에너지 등가 원리'에 따라 물질과 반물질의 질량이 에너지로 바뀌는 거야.
하지만 반물질을 모으기 쉽지 않으니 지금은 상상으로나 가능한 일이지.
엇!
쿵
반물질 총
반물질 총이라고? 학생들이 장난으로 보낸 선물인가?
오, 굉장한데? 꼭 진짜 같아.
교수님, 잠깐만요!

스윽
누구냐,
너희들은!
후후후….
설명 따위는
하지 않겠다.
끼릭
안 돼!

팡
!
퍽
다운아!
괜찮아,
다운아?
으, 역시 반물질
총에 맞아도
사라지지 않아!
너희들, 왜 자꾸
못된 짓을 하는 거야?

흥!
팡
양자역학을 없애려면 어쩔 수 없어!
으악!
팍
이런, 또 실패하다니!
민서야!
이게 대체 무슨 짓이냐! 너희 같은 어린아이들이 증오에 빠져 이런 무서운 짓을 저지르다니!
헉!
퍽
비켜!

헉!
쿵
무슨 어린아이의 힘이 이렇게 세지? 마치 건장한 청년 같구나.
건장한 청년…?
교수님, 괜찮으세요? 저 아이들은 양자역학을 증오하는 조직의 일원인 것 같아요.
나를 구해 주다니 정말 고맙구나.
이건 내가 쓴 『반물질』이라는 책이란다. 너희들에게 조금이나마 도움이 되면 좋겠구나.
반물질
프랭크 클로우스

좌악
할아버지 말씀이 맞는 것 같아. 내가 반물질 총에 맞고도 괜찮았으니까.
그래, 근데 걔네들은 양자역학과 관련된 과학자들뿐 아니라 나까지 없애려고 했어.
무서워… 시간 이동을 계속해도 괜찮은 걸까?
넌 내가 꼭 지켜 줄게. 반물질 총에 맞설 수 있는 무기가 없을까?
할아버지께선 방법을 알고 계실지도 몰라.

파인만 다이어그램 미로를 탈출하라!

다운, 민서, 믹스가 시간 이동을 하다가 길을 잃었어요.
파인만 다이어그램 미로에서 탈출할 수 있게 도와 주세요!
맞으면 ○, 틀리면 ✖를 따라 이동해서 진짜 출구를 찾아 보아요.

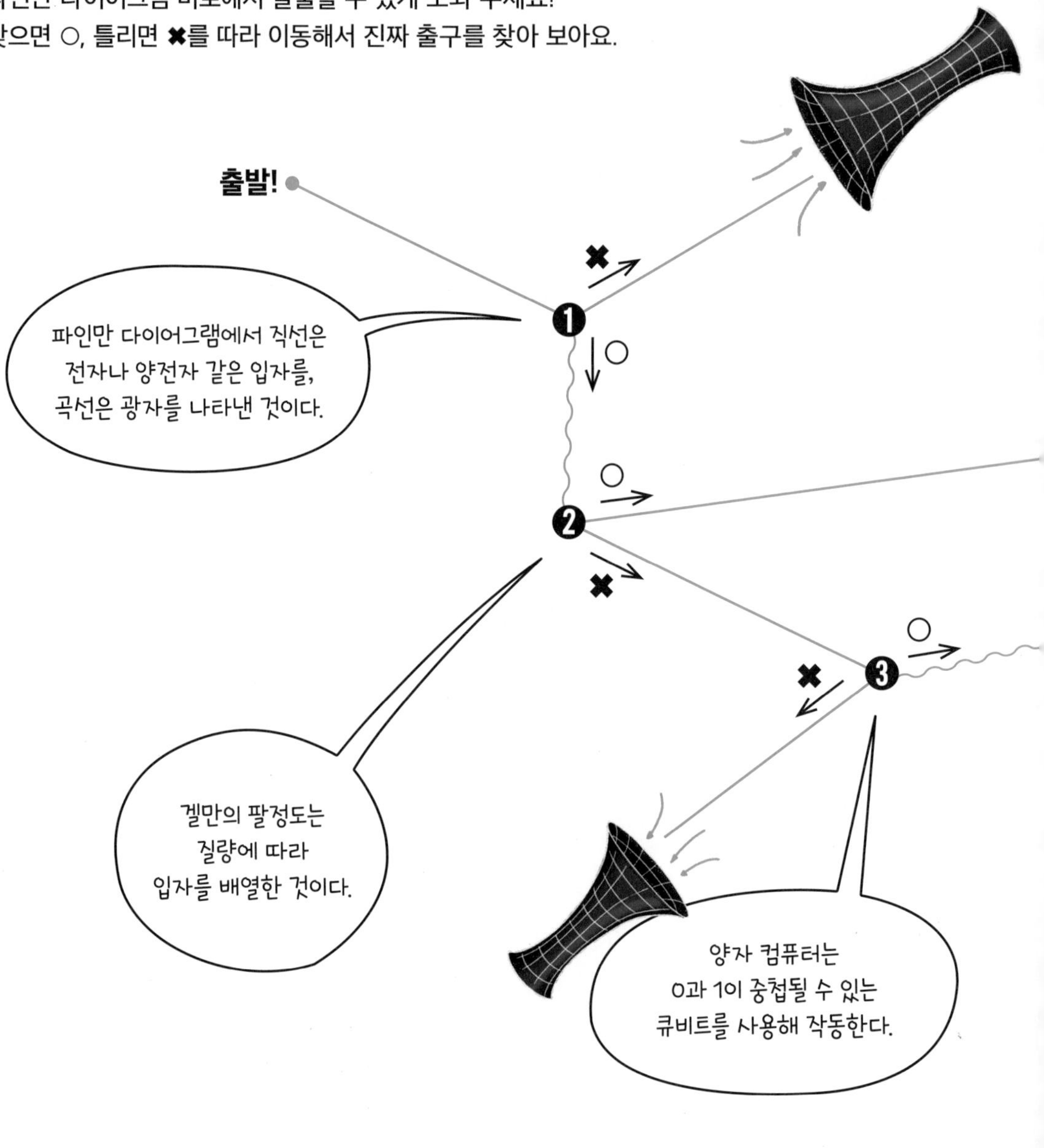
출발!
1
파인만 다이어그램에서 직선은 전자나 양전자 같은 입자를, 곡선은 광자를 나타낸 것이다.
2
겔만의 팔정도는 질량에 따라 입자를 배열한 것이다.
3
양자 컴퓨터는 0과 1이 중첩될 수 있는 큐비트를 사용해 작동한다.

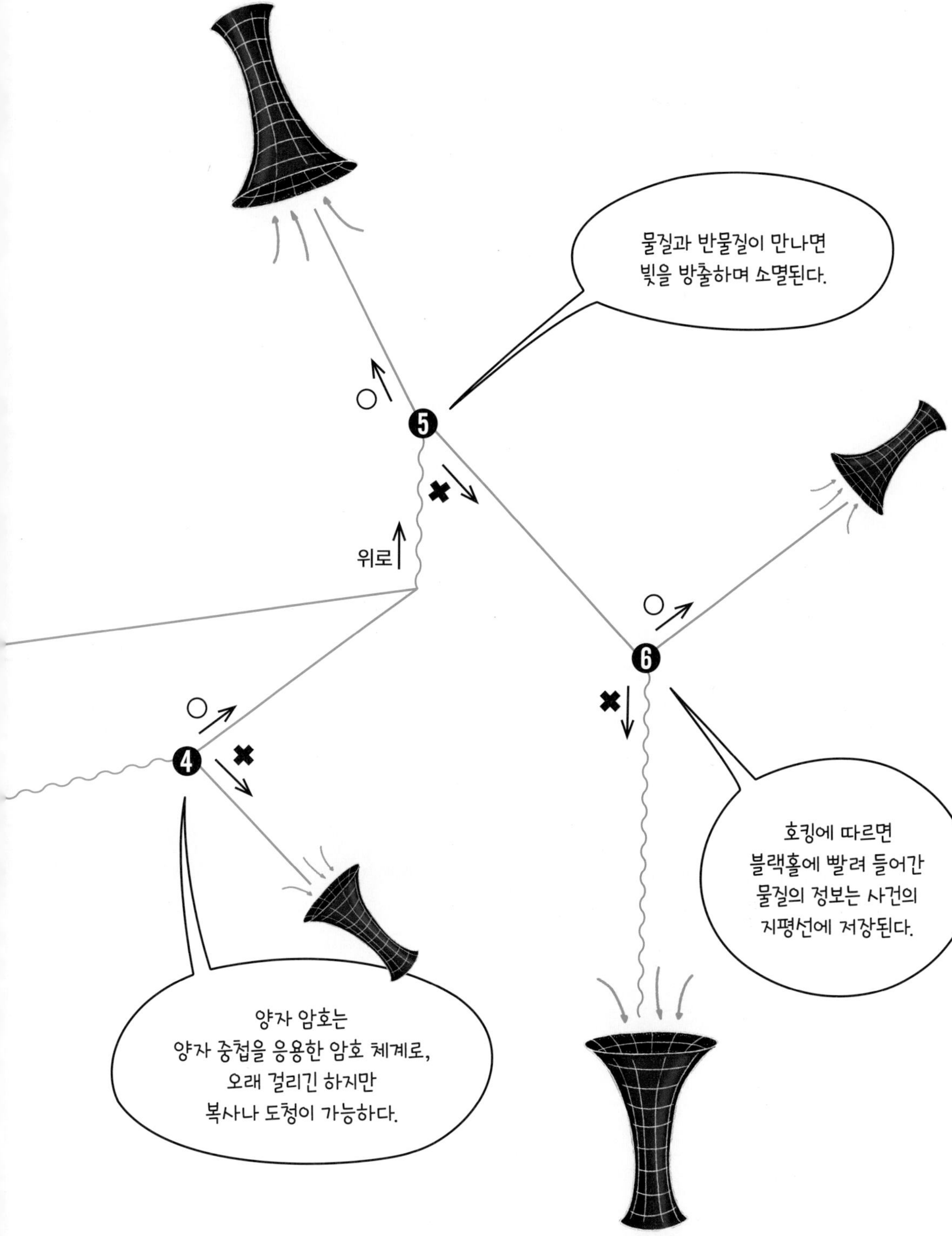
물질과 반물질이 만나면
빛을 방출하며 소멸된다.
○
5
✖
위로
○
6
✖
○
4
✖
호킹에 따르면
블랙홀에 빨려 들어간
물질의 정보는 사건의
지평선에 저장된다.
양자 암호는
양자 중첩을 응용한 암호 체계로,
오래 걸리긴 하지만
복사나 도청이 가능하다.

정답은 214쪽

7화
반물질 총을 막을 비장의 무기는?
아, 진짜! 아빠! 엉덩이 좀 긁지 마! 보기 흉해~!
너는 코 파면서 뭘~.
긁적 긁적
후비 후비
주말이 좋긴 좋구나. 모두들 느긋한 모습이네.
쿨~.
꾹 꾹
뭐야! 어제 야식 먹고 아직도 안 치운 거야?
가위바위보에서 져서 네가 치우기로 했잖아!
기억 안 나는데?
너!
안 돼! 닭 뼈는 개한테 위험해!
휙
나 줘
왈

여보세요!
다운아, 할아버지다.
급긴장
엇, 할아버지! 그렇지 않아도 전화드리려 했어요.
?
왜? 무슨 일 있었니?
제가 반물질 총에 맞았는데 사라지지 않았어요.
윽
반물질? 너 지금 누구랑 통화하니?
할아버지예요. 양자역학에 관해 궁금한 게 있었는데 알려 주신다며 전화하셨어요.
궁금한 게 있으면 아빠한테 물어보지. 할아버지 바쁘실 텐데….
오늘 내가 서울에 가거든. 만나서 자세히 이야기하자.
네, 할아버지.

몇 시간 후
폭풍 흡입 분식점
할아버지, 안녕하세요.
민서도 왔구나. 그래, 부모님은 잘 계시지?
네.
떡볶
다운아, 할아버지랑 단둘이 얘기를 해야 할 것 같은데…
시간 이동에 대한 얘기라서 말이다.
실은 민서도 저랑 같이 시간 이동을 하고 있어요.
그래? 그럼 민서도 CERN에서 빛을 쬔 거니?
아뇨.
빛을 쬐지는 않았지만 시간 이동 하는 방법을 알아냈거든요.
오!

……
어쩌고
떡볶이
라
저쩌고
!
그렇다면 함께 이야기해도 되겠구나.
할아버지 예상대로 반물질 총은 저랑 믹스에겐 소용없었어요.
떡볶이
튀김
그렇다고 자주 맞으면 안 된다. 그것도 한계가 있어.
그럼… 어떻게 해야 할까요?
이 할아버지가 반물질 총에 맞설 수 있는 무기를 생각하고 있단다.
와, 대박!
두둥
내가 서울에 온 이유가 오랫동안 레이저를 연구한 친구를 만나기 위해서야.
레이저!

레이저라면 마트에서 바코드 찍을 때 쓰는 거잖아요.
삑
8 801101 155918
난 레이저 총을 생각했는데….
맞다. 반물질 총을 막을 수 있는 레이저 총을 친구에게 부탁하고 오는 길이지.
역시 우리 할아버지!
하핫!
나는야 레이저맨
하하
퓽
퓽
꽥
공상에 빠졌군….
레이저 총이라고?
반물질 총보다 더 강력할까요?
그렇다고 해도 우리는 과학자와 민서만 노리면 돼.
민서까지 노릴 필요는 없잖아요

누군가 혼쭐이 나야 과학자들이 겁을 먹을 거야.
일단 총부터 제대로 쏘고 말씀하세요.
냥!
애써 외면
어쨌거나 빨리 일을 끝내야 우리도….
우리도 뭐?
몰라, 몰라요!
베 베
왜 저래?
라면
튀
그런데 너희들이 시간 이동을 하는 걸 방해꾼들이 어떻게 아는 걸까?
우
순
그건… 저희도 잘 모르겠어요.
분명 어디선가 지켜보고 있을 거야. 항상 주의하거라.
네.

레이저가 양자역학의 원리를 응용한 기술이라는 건 알고 있니?
!
쾅
역시 양자역학은 모든 것과 관련이 있어!
식탁 위에서 내려와 줄래?
아인슈타인의 이론 덕분에 레이저를 만들 수 있었단다.
후후
찡긋
어라? 여러 번 만났는데 그런 얘기는 안 하셨어요.
내가 빠질 수 없지
그렇다면 레이저를 발명한 메이먼 박사를 만나 보거라.
메이먼 박사?
할아버지는 이제 시골로 갈 테니 조심히 갔다 오너라.
감사합니다, 할아버지!

좋아, 출발해 볼까?
끄덕
양자역학과 레이저, 합체!
팍
우리도 출발!
양자역학과 레이저, 합체!
팍
슈악
슥
역시 누군가 미행하고 있었군. 그렇다면 저 사람들이 그 친구의 부하인가?
1960년 미국 휴즈 항공사 연구소

믹스, 머리에 그건 뭐니?
난 가을 타는 남자
왈와르르왈!(오랜만에 산책 중이었는데, 하필 그때 시간 이동을 하다니!)
여긴 어디지?
항공사 같아.
휙
무관심
너희들은 누구니?
엇, 전 민서예요. 앤 믹스라는 강아지고요.
내 소개는?
저희는 학생 기자입니다. 전 세계 과학자들을 만나면서 양자역학에 대한 이야기를 듣고 있어요.
알아서 잘하네
레이저도 양자역학과 관련이 있나 해서 메이먼 박사님을 찾아왔어요.
감사합니다!
어린 학생들이 대단하구나. 약속도 없이 왔지만 괜찮다.

벅 벅
레이저를 어떻게 발명하신 거예요?
내가 처음부터 다 알아낸 건 아니야…
1917년에 발표된 아인슈타인의 '유도 방출' 이론이 그 시작이었지.
방귀 방출 아니야~
유도 방출요?
어떤 물질에 빛을 쬐여 주면 그 빛의 자극(유도)에 의해 높은 에너지의 원자가 낮은 에너지 상태로 변하면서 빛이 나온단다.
빛
아잣
빛
비실 비실
물질
빛
빛 좀 내 봐!
오늘 날씨가 산책 나가라고 나를 자꾸 자극했지
그때 나오는 빛을 잘 조절해서 레이저를 만든 건가요?
그래.
한편
냥?
헉, 뭐야?

네 얼굴 왜 그래? 완전 여드름투성이야. 중학생이 된 건가? 크크크크!
저만 그런 거 아니거든요.
꽥!
우리 둘 다 중학생이 됐네? 어떻게 된 거지?
시간 이동에 뭔가 더 큰 비밀이 있는 게 분명해.
쉿! 지금 안에서 레이저에 대해 얘기를 나누고 있어요.
아까 할아버지랑 레이저 얘기를 하더니 메이먼 박사를 만나러 왔군. 반격의 시작인가.
레이저는 위험하지 않을까요?

그래도 우리에겐 반물질 총이 있잖아.
다음엔 우리가 먼저 와서 양자역학을 연구하는 과학자들을 처리하면 안 돼요?
그런 생각도 해 봤는데… 시간 이동이 우리 뜻대로 되는 게 아니잖아.
하긴….
자, 얼른 변장하자고!
펵
1953년 미국의 물리학자 찰스 타운스가 유도 방출 이론을 토대로 레이저의 시조인 '메이저'를 개발했어.
딱
와아
아니…
메이저? 메이저 리그?
메이저(MASER)는 '마이크로파'라는 전파를 증폭시키는 장치야.

증폭이란 쉽게 말해
에너지를 크게 만드는 걸 뜻해.
얍, 더 세게!
타운스는 더 강력한 레이더를 연구하는 과정에서 메이저를 개발했단다.
띠 또 띠
더 좋은 레이더를 만들려고 하다가 메이저를 개발하게 됐군요.
그래.
반면에 나는 전파가 아니라 빛(가시광선)을 증폭시키는 방법을 연구했어.
빛!
빛은 마이크로파보다 파장이 짧아서 다루기가 어렵단다.
나는야 레이저 독!
하지만 수년간의 연구 끝에 빛을 증폭시키는 데 성공했지. 그게 바로 레이저야!
포스가 함께하길
부 왕

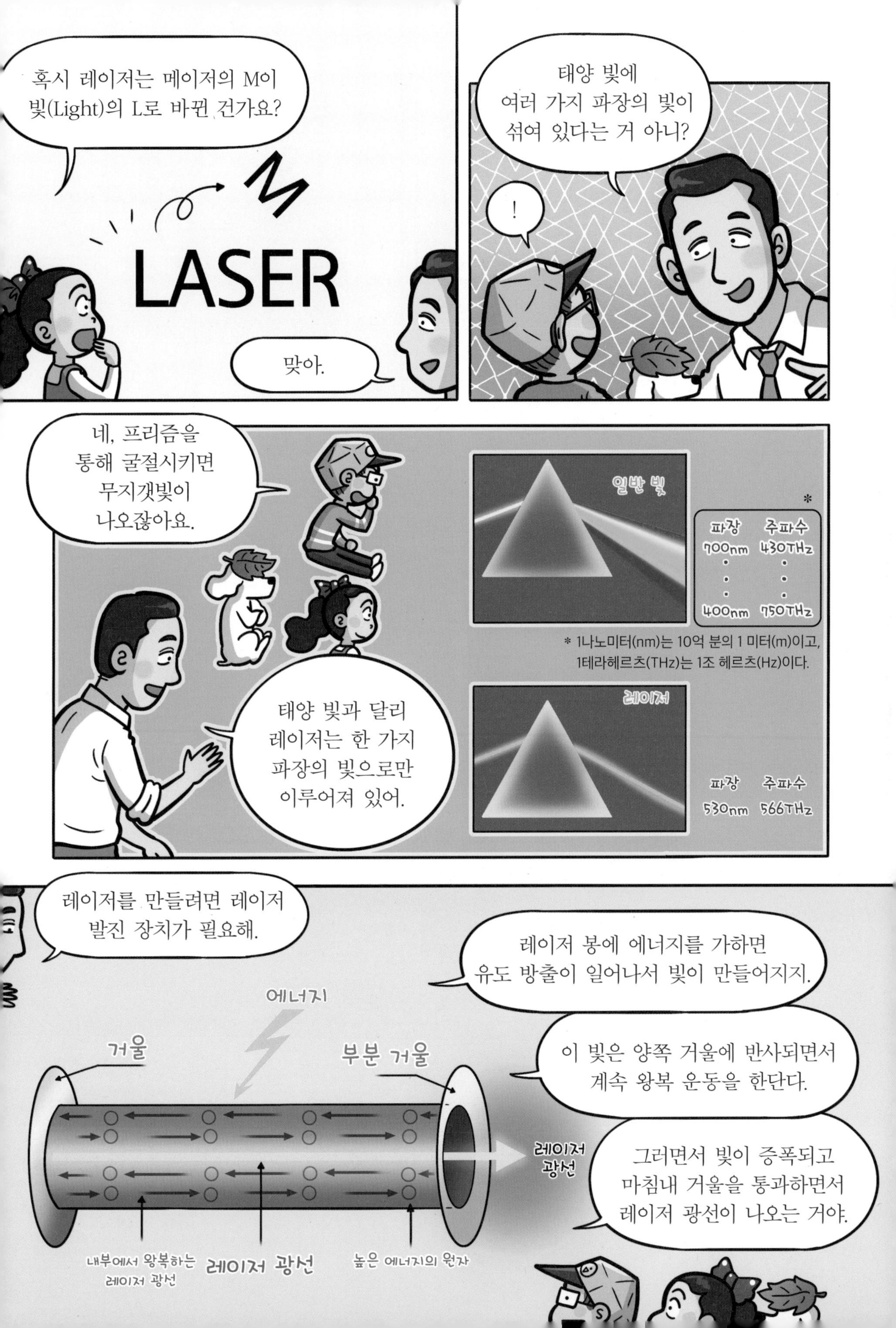
혹시 레이저는 메이저의 M이 빛(Light)의 L로 바뀐 건가요?
M
LASER
맞아.
태양 빛에 여러 가지 파장의 빛이 섞여 있다는 거 아니니?
!
네, 프리즘을 통해 굴절시키면 무지갯빛이 나오잖아요.
일반 빛
*
파장 주파수
700nm 430THz
400nm 750THz
* 1나노미터(nm)는 10억 분의 1 미터(m)이고, 1테라헤르츠(THz)는 1조 헤르츠(Hz)이다.
태양 빛과 달리 레이저는 한 가지 파장의 빛으로만 이루어져 있어.
레이저
파장 주파수
530nm 566THz
레이저를 만들려면 레이저 발진 장치가 필요해.
레이저 봉에 에너지를 가하면 유도 방출이 일어나서 빛이 만들어지지.
에너지
거울
부분 거울
이 빛은 양쪽 거울에 반사되면서 계속 왕복 운동을 한단다.
레이저 광선
그러면서 빛이 증폭되고 마침내 거울을 통과하면서 레이저 광선이 나오는 거야.
내부에서 왕복하는 레이저 광선
레이저 광선
높은 에너지의 원자

다른 물리학자들은 주로 레이저 봉에
기체 물질을 넣었는데…
나는 고체인 합성 루비를 썼어.
그러니까 고체 레이저인 셈이지.
레이저는 태양 표면에서
나오는 빛보다 4배 정도
더 강하단다.
팟
×4
그래서 레이저가 처음 발명됐을 때
사람들이 이렇게 말하기도 했지.
팟
죽음의
광선이야!
하지만 나는 잘만 쓰면
문제없다고 생각해.
절단
용접
통신
레이저의 쓰임새는
무궁무진할 거야.
삑
바코드
암세포
제거

레이저 광선은 하나의 파장으로 이루어졌기 때문에 특정 물질에만 반응하게 만들 수 있어.
퓽
악!
그래서 암세포만 골라 파괴할 수 있지.
다른 특징은 직진성이 좋다는 거야. 퍼지지 않고 멀리 나아갈 수 있어.
레이저
일반 빛
음… 그래서 1969년에 아폴로 11호가 달에 착륙했을 때…
달까지의 거리를 정확하게 측정하기 위해 레이저 반사경을 설치하고 온 거구나.
끼익
팍
또 너희들이냐?!

안녕하세요, 박사님!
…가 아닌가?
저희들은 한국의 〈아이작〉이라는 어린이 과학 잡지 기자입니다.
!
박사님께서 레이저를 발명하셨다고 해서 취재하러 왔습니다.
또!
수상한 냄새!
킁킁
하루에 두 곳에서 취재하러 오다니… 미리 전화라도 해 주면 좋았을 텐데…
아직 어린 학생들이니 이해하마. 하지만 다음부터는 꼭 미리 연락해 주렴.
왈
왈
감사합니다, 박사님. 그럼 얼른 취재를 진행하겠습니다. 우선 수첩을 좀….
스윽
척

역시!
타
탓
팡
억!
피하세요!
아, 진짜! 제대로 좀 맞혀 봐요!
내가 일부러 그런 줄 알아? 나도 맞히고 싶다고!
대체 뭐 하는 녀석들인 거지?
?
드르륵
그게 무슨 총인지는 몰라도 이 레이저 총을 이길 수는 없을걸!
좋은 말로 할 때 당장 이 방에서 나가!
헉!

흥, 그럴 수는 없지. 당신을 없애기 전까지는 나갈 수 없어!
팡
그럼 나도 할 수 없다!
삐이
치
팍
악!
탁
또 실패야!
와... 엄청난 충격이었어...
메이먼 박사님! 괜찮으세요?
난 괜찮다. 세상엔 이상한 사람들이 많구나.

비밀리에 레이저 총을 만들어 두길 잘했어.
이건 레이저 총 설계도란다. 도움이 될지 모르니 가져가렴.
역시 할아버지 생각이 맞았어.
레이저 총이면 반물질 총을 막을 수 있을 것 같아.
좌악
터벅 터벅
할아버지 친구께서 꼭 레이저 총을 만들어 주시면 좋겠다.
정말….
그래야… 시간 이동 중에 너에게 생길 사고도 막아 줄 수 있을 거야….
다운아….

8화
민서의 반격
할아버지, 친구는 잘 만나고 오셨어요?
이걸 보렴. 레이저 총을 가지고 왔단다.
왓!
탁
메이먼 박사님이 가지고 있던 레이저 총과 비슷하게 생겼네요!
메이먼 박사도 레이저 총을 가지고 있었니?
떡볶
라면
네
와

메이먼 박사님의 레이저 총과 악당의 반물질 총에서 나온 광선이 서로 부딪쳤는데, 엄청난 빛을 내면서 사라졌어요.
파 앗
메이먼 박사도 비밀리에 레이저 총을 만들었구나.
과학계의 극단주의자들아! 정의의 이름으로 너희들을 처단하겠다!
세일러 문~!
언제적 캐릭터야….
지금 영화 찍을 때니…
레이저 총이 있다고 자만해서는 안 된다. 항상 조심해야 해.
네…
레이저 총을 준비하다니….
그런데… 지난번에 왜 저희가 중학생으로 변했을까요?
글쎄… 보스도 그런 얘기는 안 했는데….

다운이가 절 꼭 지켜 주겠다고 약속했어요.
떡볶이
라
윽 쑥스럽게...
멋지구나, 다운아.
둘이 힘을 모아 과학자들을 잘 지켜 주렴.
떡볶
라
어묵
네, 걱정 마세요!
이 레이저 총은 두 번 사용하면 반드시 충전해야 해.
!
악당들의 반물질 총과 비슷하네요.
그렇니?
으, 도대체 왜 양자역학을 싫어하는 거지? 악당들의 머릿속에 들어가 보고 싶어!
내 말이...
이 레이저 총은 일시적으로 상대를 기절시킬 수 있어.

나노과학을 연구하는 친구에게 부탁하면 정체를 밝힐 수 있을지도 몰라.
악당들을 생포해서 내게 데려오거라.
음, 나노과학이라….
나노과학은 양자역학을 응용하는 학문이지. 이번 시간 이동도 부디 조심하렴.
음… 이번에는 나노과학 연구자를 만나게 되려나?
그럴 것 같아!
자, 출발하자!
양자역학과 나노과학의 결합!
팍
좋았어, 우리도!
양자역학과 나노과학의 결합!
팍

1986년 미국 MIT 연구실
에릭 드렉슬러 연구실이라….
음… 대체 뭐 하는 사람들일까…?
뭐? 나를 만나려고 시간 이동을 해서 왔다고? 한국에서?
쿵
사실이든 아니든, 너희들의 자신 있는 눈빛이 마음에 드는구나.
초로롱
강아지는 빼고.
저희는 시간 이동을 하면서 양자역학을 공부하고 있어요.
양자역학? 그 어려운 걸 공부한다고?
어렵긴 하지만 원자 세계를 이해하려면 양자역학을 꼭 알아야 하잖아요.
오!

맞다. 나는 나노과학 연구자인데 양자역학을 반드시 배워야 했어.
너희들… 제대로 알고 있구나.
당연하죠! 몇 번째 이동인데…
벅벅
양자역학을 공부하면서 나노과학을 집중적으로 연구했지.
나노과학
양자역학
처음에 양자역학에 관심을 가지신 계기가 뭐예요?
언젠가 리처드 파인만 교수님이 진행하신 강의가 그 시작이었단다.
오!
파인만 다이어그램과 양자 컴퓨터 개념을 생각해 내신 분이죠?
오! 그래
강의 제목은 "바닥에는 충분한 공간이 있다"였어.
?
바닥?
공간?

1959년이면 계산기도 주머니에 넣지 못할 만큼 컸던 시대였는데 이런 말씀을 하셨지.
분자 크기의 기계를 만들 수 있다!
두둥
멋진 생각이다!
바닥에 충분한 공간이 있다는 건 원자가 대부분 빈 공간으로 이루어졌다는 뜻이군요!
맞아!
공간
원자핵
원자의 빈 공간을 활용하는 기술이 개발되면 백과사전 24권을 머리핀의 장식된 부분에 옮겨 적을 수 있다고도 말씀하셨지.
나는 세상에서 가장 똑똑한 머리핀!
그러려면 백과사전을 2만 5000분의 1의 크기로 축소해야 해.
고밀도 백과사전이 되겠군!
백과사전 24권
25000
그리고 이런 제안을 하셨지.
어떤 책의 한 페이지를 2만 5000분의 1로 축소하는 데 성공하면 상금으로 1000달러를 주겠다!
아니, 그게 가능해요?
말도 안 돼!

실제로 1985년 미국 스탠퍼드 대학교에서 톰 뉴먼이라는 대학원생이 책의 한 페이지를 2만 5000분의 1로 축소하는 데 성공해서 상금을 받았단다.
죽기 전에 볼 수 있어서 정말 기쁘구나….
그것이 바로 나노과학의 시작이었어…
대단하다
1나노미터는 10억 분의 1 미터야. 1미터를 10억 개로 나눈 것 중에서 하나지.
원자 하나의 크기는 1나노미터를 다시 10으로 나눈 크기인 10분의 1 나노미터, 즉 0.1nm란다.
1m
10억 분의 1 m
1나노미터
0.1nm
나는 파인만 박사님이 말씀하신 분자 크기의 기계에 관심이 생겼어.
나노과학은 대표적인 양자역학 응용 분야 중 하나지.
양자역학이나 나노과학 모두 아주 작은 것을 연구하는 분야이고
탄소 나노 튜브

한편
헉, 이번엔 고등학생으로 변했잖아!
어머!
여드름도 없네? 다행이다! 샤방방~.
후후
이번 시간 이동
끝나면 보스에
이렇게 변하
이유를
물어봐야겠
이러다가 원래 모습으로 돌아오는 거 아니에요?
그럼 진짜 큰일이야. 선글라스로 얼굴을 잘 가리는 수밖에 없어.
그런 일이 생기기 전에 다운이와 민서를 막아야겠네요.
그래야 하는데… 번번히 실패하고 있으니….

방해하러 간 우리가 방해를 받고 있네요. 호호호!
지금 웃음이 나오냐! 매번 실패하는데!
총도 잘 못 쏘는 사람이 누군데요…! 나도 내키는 대로 화내 볼까요?
에릭 드렉슬러 박사 연구실 앞이다!
휙
으드득
이번에는 어떤 방법을 쓸 생각이에요?
지금 들어 보니 드렉슬러 박사의 유명한 책이 나올 즈음인 것 같아.
좋은 방법이 생각났어! 변장부터 하자!
?
분자 크기의 기계를 만든다는 건 분자를 마음대로 조작할 수 있다는 뜻이겠네요.
외관 흠집 -스스로 복원
공기 정화, 박테리아 확산 방지
고분자 나노 복합체 -강하고 가벼움
자연광 밝기
접지력 높임
나노 복합체 사용 -고연비
맞아. 나노과학 덕분에 나노 로봇이나 나노 자동차 같은 기계도 만들 수 있어.

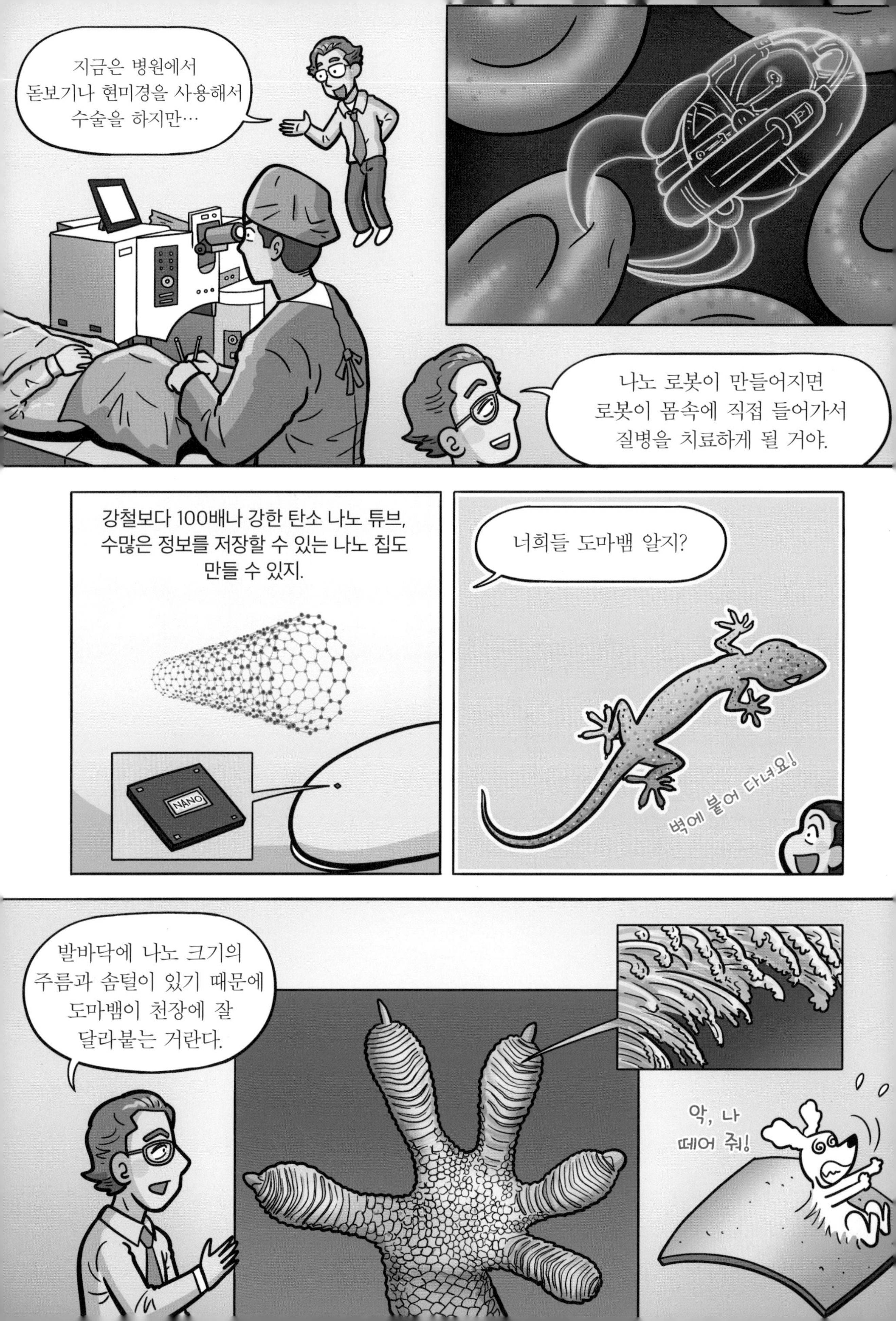
지금은 병원에서 돋보기나 현미경을 사용해서 수술을 하지만…
나노 로봇이 만들어지면 로봇이 몸속에 직접 들어가서 질병을 치료하게 될 거야.
강철보다 100배나 강한 탄소 나노 튜브, 수많은 정보를 저장할 수 있는 나노 칩도 만들 수 있지.
NANO
너희들 도마뱀 알지?
벽에 붙어 다녀요!
발바닥에 나노 크기의 주름과 솜털이 있기 때문에 도마뱀이 천장에 잘 달라붙는 거란다.
악, 나 떼어 줘!

물의 저항을 줄여 주는
상어 피부의 나노 구조를
모방한 전신 수영복도
만들 수 있지.
나 따라 하냐?
거미줄의 성질을 이용해서
방탄복을 만들고
나노과학
연잎을 본떠서 방수복을 만들고
떼
구
르
르
모기의 눈 구조를 모방해서
태양 전지를 만들 수도 있어.
이제 인간들이
날 싫어하지
않겠지!
와! 자연은 정말
나노과학자네요!
모두 양자역학 덕분에
가능한 일이란다!
원자와 분자 세계의
법칙을 알기 때문에
이런 기술들을 개발할 수
있는 거야.

원자 세계를 알지 못하면 나노과학도 없는 거네요.
킁킁
양자역학은 우리 삶과 밀접하게 연결되어 있어.
끼 익
드렉슬러 박사님, 인쇄소에서 박사님 책을 가져왔습니다.
!
악당들은 아니네… 그래도 방심은 금물!
슥
내가 쓴 책이 이제야 나왔군! 연구 결과를 모아 쓴 『창조의 엔진』이라는 책이야. 어서 보여 주게!
슥
슥

엇, 믹스가 짖는 걸 보니….
왈
왈
왈와르르왈왈! (다운아, 모습은 다르지만 재들이 걔들이야!)
당신이 없어지면 나노과학이 발전하지 못하겠지… 양자역학의 중요성이 커지지도 않을 거야….
악, 총이 가방에 걸렸어!
쿵
에라, 모르겠다!
흑
퍽
컥!
팡
윽….
괜찮아요?
슥!
너희들, 정체가 뭐야!

또 방해를 하다니!
이번에는 기필코…!
척
!
이얏!
부
앙
울즈소프!
털썩
내… 내가
맞혔어….

괜찮아요? 울즈소프!
나… 난 괜찮아….
민… 민서야, 괜찮아?
진짜로 맞히다니… 기절 효과가 확실하네….
총은 이리 줘
당신들은 도대체 누구요?
너희들도! 그 총은 도대체 뭐니?
두둥
우리들은… 양자역학이 사라지기를 원하는 사람들이다!
세상에… 과학계에 이런 극단주의자가 있다니….
슥
으으
엇, 가발이! 이런… 울즈소프가 원래 모습으로 돌아오고 있어!

그렇게 방해한다고 뭐가 달라질 줄 알아?
윽!
어서 피해야 해요. 일어나요!
왜 이래! 아직 한 발이 남아 있다고! 얼굴은 왜 가리는 거야?
끄응!
어?
어… 잠깐! 당신은…?
파
팍
!
왈왈!(어딜! 이번엔 내가 잡아 주겠어! 나의 용맹한 모습을 보여 주지!
파 팍
그렇지 맥스!

살아났네요!
믹스가 쫓아 오잖아! 물리면 어쩌려고!
왈 왈 왈
큰일 나기 전에 빨리 시간 이동 해요!
으악, 조심해!
슉
팍
콱
!
샤 악
와르르왈! (아, 아깝다! 붙잡을 수 있었는데!
쿵

아, 이게 무슨 일이람! 정말 정신이 없네!
놓쳤지만 잘했어 믹스!
오늘은 일찍 집에 가서 쉬어야겠어…
내가 쓴 『창조의 엔진』 초판본이란다. 선물로 주마.
창조의 엔진 에릭 드렉슬러
감사합니다.
촤──악
아깝다. 악당의 정체를 밝힐 수 있었는데….
내 말이!
내가 총으로 사람을 맞히다니… 그나저나 그 사람 분명 내가 아는 사람 같았는데….

터벅
터벅
이런… 이번에도 실패하다니…
그나저나… 엉덩이는 괜찮아?
괜찮을 리 있겠어요?
자, 업혀!
!
척
너 다친 거 내 책임이 커. 병원 가서 얼른 치료하자.
쿵
심
민서, 그 아이에게 당할 줄이야. 믹스도 그렇게 재빠를 줄 몰랐어… 더 조심해야겠어!
개한테 물리는 것도 나쁘지만은 않네요~.
욱신
욱신

9화
악당의 마지막 시간 이동
중얼중얼….
?
아까부터 뭘 그렇게 중얼거려?
지난번에 시간 이동 했을 때 말이야….
속닥 속닥
그때 정말 고마웠어.
그때 만났던 고전역학의 신봉자들 중 남자가…
어디서 많이 본 사람 같아.
?

누구…?
저기 계신
과학 선생님!
이런!
말도 안 돼! 그냥
닮은 사람이겠지!
우리 선생님이 왜
그런 짓을….
쉿, 조용! 그거야
알 수 없지!
이거… 결단을
내려야겠군!

녀석들이 내 정체를 알아낸 것 같아….
레이저 총에 맞고 모습이 돌아왔을 때 민서가 살짝 본 것 같아요.
이렇게 빨리 실제 모습으로 돌아오다니….
이유가 뭘까요?
보스에게 연락해 봐야겠어.
무슨 일인가?
문제가 생겼습니다.
또 무슨 문제가 생겼다는 거야!

이제 시간이 없어! 그거 한번 성공하는 게 그렇게 어렵나?
그 아이들이 반물질 총에 대항하기 위해 레이저 총을 가지고 다닙니다.
!
그리고 시간 이동을 할수록 초등학생이었던 저희 몸이 자꾸 성장하더군요.
지난번에는 제가 레이저 총에 맞고 완전한 성인의 모습으로 돌아왔습니다.
바보같이 레이저 총에 맞으면 어떻게 해!
죄송합니다….

역시… 그때 빛이 약했던 건가?
네? 빛요?
어쨌든 그렇다면 이번 시간 이동이 마지막이 될 거다. 이번에도 실패하면….
마지막요? 실패하면 어떻게….
아니다. 어서 다녀와라. 딸깍.
이번이 마지막 시간 이동일 것 같다는군. 기회는 한 번뿐이야.
한 번….
다운이와 민서가 영원히 과거에서 돌아오지 못하게 해야겠어.

다음 날
민서가 아주 큰일을 했구나. 다운이를 지켜 주다니!
폭풍 흡입 분식점
헤헷~, 뭘요.
이번에 악당을 잡을 수 있었는데 아쉬워요.
너희가 무사히 돌아온 게 더 중요하지.
위기의 순간에 과학자를 안전하게 순간 이동 시키면 좋을 텐데….
순간 이동?
사람이 순간 이동 하는 것은 아직 어렵단다. 입자라면 모를까….
입자는 순간 이동이 된다는 거예요?
그래, 양자역학의 특성을 이용한 최고의 기술이라고 할 수 있지. 바로 '양자 원격 전송'!
음… 이번에는 그것에 대해 알아봐야겠어요.

그럼 안톤 차일링거 교수를 만나는 게 좋겠구나.
세계 최초로 양자 원격 전송 실험에 성공한 과학자란다.
네, 할아버지.
…….
우리도 출발하자!
숨어 있다고 내가 모를 줄 알아?
1997년 오스트리아 인스브루크 대학교
뭐? 날 만나러 시간 이동 해서 왔다고?
내가 순간 이동을 연구한다고 그런 농담을 하는 게냐? 핫핫.
교수님께서 세계 최초로 양자 원격 전송 실험에 성공하셨다고 들었어요.

맞다. 대단한 실험이었지.
대만족
너희들은 언제 순간 이동을 하면 좋겠다고 생각하니?
동물병원에서 탈출하고 싶을 때...
명절에 시골에 다녀올 때요. 으… 차가 너무 막히거든요. 그때 딱 순간 이동 하고 싶어요.
그건 네가 사는 미래에서도 한참 뒤에나 가능할 것 같구나.
양자 원격 전송 실험에 성공하셨잖아요. 그럼 가능한 거 아닌가요?
그게 그렇게 말처럼 쉬운 일이 아니란다.
순간 이동은 말 그대로 어떤 물체가 순식간에 다른 곳으로 이동한다는 거야.
엇! 어디 갔어?
팍
팍

다시 말해 어떤 물체가 사라짐과 동시에…
준비하시고...
다른 곳에 나타난다는 건데,
그럼 이동 시간이 0초란 뜻이지.
뿅!
이동 시간 0초!
그런데 이건 불가능한 일이야.
영화 〈점퍼〉
영화에서 보면 순간 이동으로 자기가 가고 싶은 곳을 쉽게 가던데….
빠샤!
샤
샥
JUMPER
영화니까~!
아인슈타인의 특수 상대성 이론 때문에
순간 이동은 불가능해.
특수 상대성 이론
퍽
어떤 물체도 빛보다 빨리 움직일 수 없다는 것이 특수 상대성 이론의 결과거든.
빛
따라올 테면 따라와 봐!

시간이 조금 걸리더라도 짧은 시간 동안 다른 곳으로 이동하면 되지 않나요?
A 역
12:00 PM
B 역
02:30 PM
예를 들어 12시에 A 역에 있던 사람이 2시 30분에 500km 떨어진 B 역에 나타났다면 어떨까?
KTX 같은 고속 열차를 타면 되지 않나요?
순간 이동!
콰아
맞아, 하지만 순간 이동이라고 할 수는 없지.
그냥 이동일 뿐!
맞다!
우리가 빛의 속도에 가까운 속도로 이동하려 한다면
특수 상대성 이론에 의해 질량이 점점 커지기 때문에 아주 큰 에너지가 필요하단다.
로켓의 질량이 무한대가 됨
빛의 속도
무한대의 에너지 필요

예를 들어 50kg 정도 되는 사람을 빛의 속도에 가깝게 이동시키려면…
뭐 해요?
보지 마!
50kg
비 잇!
원자 폭탄 몇 십 개에 해당하는 에너지가 필요해.
아인슈타인의 유명한 원리, $E = mc^2$ 때문이지.
$E = mc^2$
에너지
질량
빛의 속도
빛의 속도가 엄청나게 빠르기 때문에 그 정도의 속도로 운동하려면 그만큼 엄청난 에너지가 필요한 거야.
사람이 빛의 속도로 움직이면 몸이 남아나지 않을 것 같아.
사람뿐만 아니라 가벼운 물체라도 빛과 비슷한 속도로 움직이려면 많은 에너지가 필요하지.
비 잇!

그래서 과학자들은 빛에 물체의 모양과 구조에 대한 정보를 넣어서 멀리 떨어진 곳에서 원래의 모습을 재조합하는 방법을 생각하고 있어.
다녀올게.
스스스
〈스타 트렉〉이라는 영화에서 봤어요!
그렇구나
그런데 이 방법에도 문제가 있어.
악
원자
x 10 28
우리 몸을 구성하는 원자의 개수는 10의 28제곱 개인데, 이건 1조와 1경을 곱한 어마어마한 개수야.
아무리 빨리 전송한다고 하더라도 수억 년이 걸린단다.
순간 이동은 포기해야겠네요
게다가 원자의 위치와 운동량을 알아야 하는데… 하이젠베르크의 불확정성의 원리 때문에 그것들을 동시에 정확히 측정하는 것은 불가능하단다.

그래서 생각한 것이 바로… 양자 원격 전송!
두
양자 원격 전송은 물체를 직접 전송하는 것이 아니라 물질의 상태를 보내는 거야.
양자 원격 전송에 대해 알려면 '양자 얽힘'부터 알아야 해.
양자 얽힘요?
양자 얽힘이란, 두 원자가 아무리 멀리 떨어져 있어도…
한 원자의 상태가 결정되는 즉시 다른 원자의 상태도 결정되는 현상을 말해.
일심
동체!
이심
전심!

예를 들어, 여기 A 원자와 B 원자가 양자 얽힘 관계라고 가정해 보자.

이 중 B를 멀리 있는 C에게 보낸 뒤…

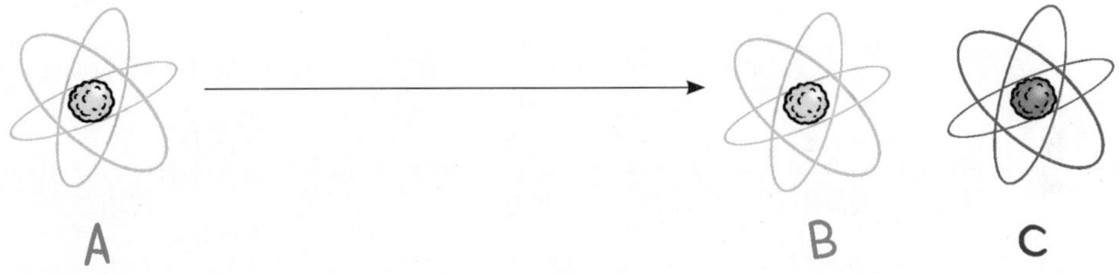

C의 상태를 B에 전해 주면?

A가 B와 얽혀 있기 때문에 그 즉시 A의 상태가 결정되고, 이렇게 결정된 A의 상태를 바탕으로 A가 있는 곳에서 C의 상태가 무엇인지 알 수 있지. 결국 C의 상태가 A에 전송되는 셈이야.

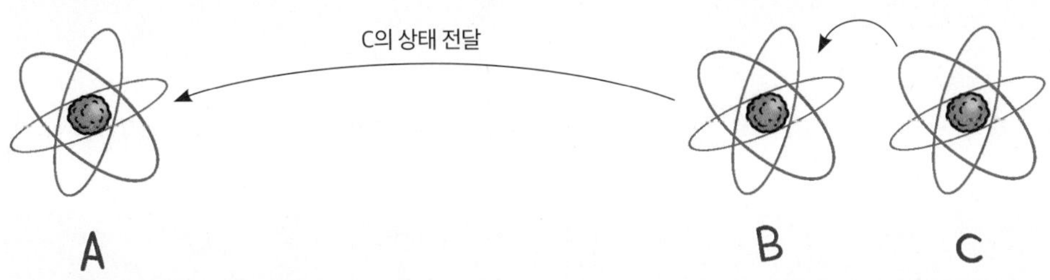

지금은 실험실 안에서 원격 전송이 성공했을 뿐이지만…
받았니?
받았다.
미래에는 수백 km 정도 떨어진 곳까지 쉽게 전송하게 될 거야.
한편
네? 가면을 벗고 들어간다고요?
스
윽
그래, 어차피 마지막 시간 이동이야.
이제 속일 필요도 없어! 마지막 기회라고!
탁 탁 탁
척
끼익

양자 원격 전송이라니! 그렇게 놔둘 순 없지!
과… 과학 선생님!
쿵
역시!
왈 왈
서… 설마 했는데…!
그럼 지금까지 우리를 방해한 사람이 선생님이셨어요?
내가 얘기했지. 고전역학이면 충분하다고….
말도 안 돼. 믿기지 않아….

당신은 누구요?
그 총은 또 뭡니까?
그동안 많이 설명했다.
오늘은 긴말 않겠어!
척
앗!
레…
레이저 총을!
없다!
이 한 방으로
양자역학이
끝장나기를…!
끼릭

다운아, 레이저 총은
내가 미리 꺼내서
갖고 있었어!
촤
악
푸
콰
콱

쿵
크억!
굉장한
충격이다!
쾅
멍!
파
앗
콱
잘했어,
믹스!
앗, 총을
빼앗겼어!
후다닥
아아, 결국
마지막까지….
피해야 해요!
뭐든 붙잡아요!
팍
샤
악
말도 안 돼. 사라졌어.
순간 이동 한 건가?
시간 이동
한 거예요

터벅 터벅
아아, 마지막까지 실패라니… 게다가 반물질 총까지 빼앗겼어!
난 멍청이야… 멍청이!
엇! 팔이…!
울즈소프! 몸이 이상해요. 손과 팔이 투명해졌어요!
어엇! 왜 이러지?
시간 이동 때문에 문제가 생긴 것 같아요! 어서 비밀 연구소로 가서 보스를 만나요!
어… 어!
이제 놈들의 정체를 밝힐 수 있겠군.

택시! 저 앞차 좀 따라가 주십시오!
부앙
10화
양자역학은 계속된다
엇, 할아버지가 과학 선생님을 따라가신다!
민서야, 우리도 할아버지를 따라가자! 위험에 처하실지도 몰라.
그래.
택시!
보스! 지금 연구소로 가는 중인데… 제 몸이 투명해지고 있습니다!
이런… 역시!

울즈소프!
아까부터 저 택시가
계속 쫓아와요!
이… 이런!
뭐야?
미행까지 당한 거야!
마지막 시간 이동이라
꼭 성공하고 싶었는데
그만 실패를…
반물질 총도
빼앗겼습니다….
뭐 하는 짓이야!
끄윽
아마도 널 쫓고
있는 자는 다운이의
할아버지일 거다.
네?
아이들에게 레이저 총이
생겼다는 건 할아버지가
개입했다는 뜻이야.
그가 이미 우리의
존재를 눈치챈 거지!

어쨌든 따돌리고 와!
옛!
끼 익!
에잇!
기사님! 저 차를 절대로 놓치면 안 됩니다!
신났다
씨 익
걱정 마십시오, 어르신!
콱
부앙
이젠 안 보여요, 울즈소프.
휴, 겨우 따돌린 것 같군.

남산
끼이익
위잉
실패한 척하면서 따라잡다니 운전 실력이 대단하군요. 고맙습니다.
♬
어르신 덕분에 아주 짜릿한 시간을 보냈습니다. 하핫!
여기로 들어간 건가?
막혀 있군. 분명 통로가 있을 텐데….
더듬
더듬

꾹.
덜컥
앗!
할아버지께서 방금 여기로 들어가셨어.
할아버지, 여기 계세요?
할아버지!
소곤 소곤
다운아, 민서야! 할아버지는 여기 있다!
할아버지!
악당들이 함정을 파 놨더구나. 그나저나 여길 어떻게 알고 온 거니?
할아버지께서 선생님을 쫓아가는 걸 보고 저희도 따라왔어요.

다운아,
여기 밧줄이 있어!
다행
이다!
끙 끙
휴~!
할아버지, 지금까지 우리를 방해했던
악당이 바로 과학 선생님이었어요.
그래, 나도 정체를
파악했단다.
한편
보스… 제 몸이
왜 투명해지는 거죠?
보스는 뭔가
알고 계시죠?
스윽

나도 똑같다.
쿵
야옹
헉, 보스 얼굴이!
처음엔 나도 괴로웠어. 하지만 시간이 지나면서 오히려 마음이 차분해지고 내가 뭘 해야 하는지 깨달았지.
예전에 다운이 할아버지와 내가 입자 가속기 연구소에서 빛을 쬐었을 때
파
앗
그는 빛을 온전히 쬐었지만 나는 약간 약하게 쬐었어. 그 후로 시간 이동을 할수록 얼굴이 더 투명해졌지.
멍…
그게 지금 무슨 말이에요! 그럼 울즈소프도 평생 보스처럼 살아야 한다는 뜻인가요?
설마… 제가 이렇게 될 줄 알면서도 빛을 쬐인 건가요?

날 이렇게 만든 양자역학을 없애기 위해서는 뭐든 할 수 있어!
그런데 저는 왜 괜찮은 거죠?
너는 체구가 작아서 빛 에너지가 부족하지 않았던 거야.
운이 좋았군.
말도 안 돼….
역시…! 자네였군!
두 둥
여기까지 용케 찾아왔군… 옛 친구여….
아니, 자네! 괜찮은 겐가? 나한테 연락하지 그랬나?

자네 도움 따위 필요 없어! 난 날 이렇게 만든 양자역학을 없애 버릴 거야!
하지만 고전역학은 원자 세계에서 일어나는 일을 설명하지 못한다네!
보이지도 않는 세계를 알면 뭐 하나? 게다가 그놈의 양자역학 때문에 내 얼굴이 이렇게 됐다고!
우리가 사는 세상은 모두 원자로 이루어져 있어. 원자 세계를 설명하는 양자역학은 반드시 필요해.
모든 학문에는 빛과 그늘이 있다네. 양자역학을 이용해서 자네의 얼굴을 원래대로 회복시킬 방법을 찾을 수 있을 거야!
보이는 것도 알기 어려운데, 보이지도 않는 것을 알려고 하는 건 시간 낭비야….
이보게! 자네뿐 아니라 저 젊은이의 인생까지 망칠 셈인가!
그러지 말고… 이제 나와 함께 양자역학을 응용한 신기술을 연구해 보세!
척

쓸데없는 소리! 나는 이미 양자역학이 필요 없는 세상을 만들기로 결심했어!
캬오
그런 말도 안 되는 소리 좀 그만해!
이미 늦었어… 내 마음을 돌이킬 순 없네….
꾹
헉, 보스!
위잉.
저는 이제 어떻게 합니까! 제 몸을 되돌려 주세요!
양자역학의 발전을 방해한 것에 대한 훈장이라고 생각하게. 장갑을 구입하든가. 그럼 이만….
내 몸을 되돌려 주지도 않고 사라졌어.

쿠 쿠
저 친구가 결국…
느낌이 안 좋구먼. 어서 빛을 쬔 곳으로 나를 안내하게!
네…?
울즈소프… 아니 과학 선생의 몸을 돌려 놓아야 하지 않겠나!
아, 네! 절 따라오세요.
탁 탁
여깁니다!

어디 보자… 여기… 음… 이걸?
띠
10:00
어엇, 이건…?
보스의 승인 없이 장치를 만지면 폭발하도록 설정되어 있는 것 같아요! 시간이 없어요!
이럴 수가!
띠
띠
띠
09:21
최대한 빨리 해 보겠네!
틀렸어. 난 이대로 평생 살아야 하는 거야….
08:35
다 설정한 것 같군. 다시 빛을 쬐어 보세.

콱
제가 어르신을 어떻게 믿습니까!
이보게, 나는 다운이의 할아버지일세. 손자의 선생님에게 함부로 하겠나?
아마도 처음 빛을 쬘 때 빛 에너지의 양을 잘못 설정한 거겠지. 그리고 자네가 시간 이동을 반복하고 레이저 총까지 맞아서 시간 이동 정보가 뒤틀려 몸에 이상이 생긴 것 같네. 어쩔 텐가?
울즈소프, 이렇게 평생 살아갈 수는 없잖아요. 한번 믿어 봐요!
윽!
팍
자, 들어가요!
윽
자, 시작한다!
꾹

파
파
팟
털썩
할아버지, 선생님 몸이 다시 돌아온 것 같아요!
오오!
다행이다
어르신… 정말 고맙습니다, 흑….
앗, 이제 나가야 해요!
콰 콰
콰 콰
이런, 출구가 막혔어!

이쪽으로! 비밀 통로가 있습니다!
여기예요!
꾹
위 잉
우아, 다행이다!
뛰어요!
탁
탁
탁
띠 띠 띠
00:01
콰광

연구소가 이렇게 허무하게 무너지다니….
콰 쾅
에고… 살았다!
정말 미안하다, 얘들아. 선생님으로서 해선 안 될 일을 했어… 용서해 줄 수 있겠니?
괜찮아요, 선생님… 그런데 어쩌다가 그런 일을 하시게 됐어요?
나도 한때 양자역학을 연구하면서 박사 과정을 밟고 있었어.
하지만 양자역학은 갈수록 어려워졌고, 엎친 데 덮친 격으로 가정 형편도 나빠졌지.
그때 보스가 나타나서 양자역학을 공부하지 않아도 편하게 살게 해 줄 테니 조직에 들어오라고 했어. 그래서 그만…

모두에게 정말 죄송합니다….
너무 자책하지 말게. 지금이라도 깨달았으니 다행이지.
양자역학은 이 세상을 이해하기 위해 꼭 알아야 하는 이론이라네.
사람들은 아주 오래전부터 물질이 무엇으로 이루어져 있을까 궁금해했지.
이 궁금증을 해결하기 위해 계속해서 연구했고, 모든 물질이 더 이상 쪼갤 수 없는 원자로 이루어져 있다는 사실을 알게 됐어.
돌턴
돌턴의 원자론!
톰슨
그 후 원자를 더 연구하면서 원자가 정말로 더 이상 쪼개지지 않는지 의심하는 사람들이 나타났어.
톰슨과 러더퍼드 같은 과학자들이 원자는 원자핵과 전자로 이루어져 있다는 것을 밝혀냈어요.
러더퍼드

에너지 같은 물리량이 불연속적인 값을 가진다고 주장한 사람도 있었지.
맞아요, 플랑크의 양자론!
막스 플랑크
이 양자론은 아인슈타인이 광전 효과를 연구하면서 광양자 가설로 발전했고,
빛이 입자의 성질과 파동의 성질을 모두 가지고 있다는 빛의 이중성이 널리 받아들여지게 됐어.
아인슈타인
슈뢰딩거
전자와 같은 입자도 파동의 성질을 가지기 때문에 전자가 어떻게 운동하는지 알려면 파동 방정식을 풀어야 한다는 사실도 밝혀졌어요.
폴 디랙
파울리
전자와 같은 입자의 운동이 파울리의 배타 원리와 하이젠베르크의 불확정성의 원리, 보어의 상보성 원리 등을 통해 이해되면서 마침내 양자역학이 자리 잡게 된 거야.
하이젠베르크
보어

하지만 양자역학은 이해하기가 너무 어렵습니다….
보이지 않는 세계를 이해하는 일이니 당연히 쉽지 않지.
그래서 수많은 물리학자들이 지금도 양자역학을 연구하고 있는 게 아니겠나.
네….
양자역학 덕분에 컴퓨터, 스마트폰 같은 편리한 기계를 만들 수 있었어.
레이저를 만들 수 있었던 것도 다 양자역학 덕분이야.
자네의 몸도 양자역학을 사용해 되돌린 거야.
슥
울즈소프… 아니 과학 선생님은 결국 양자역학 덕분에 살아난 거네요?
그렇군요. 어르신… 감사합니다.

이제부터 양자역학을 연구해서 더 나은 세상을 만들어 보겠습니다.
끄덕
그나저나 보스는 어디로 도망쳤을까?
글쎄….
우웅
그 친구도 부디 마음을 바꿀 수 있기를….
와~ 비행기다!
조직의 힘을 길러 다시 돌아오겠다… 반드시!
우웅
그동안 《초등학생을 위한 양자역학》을 사랑해 주셔서 감사합니다!

특명!
레이저를 만들어라

다운, 믹서, 믹스가 악당들의 반물질 총에 맞설 수 있는 무기를 만들어야 해요!
친구들이 레이저 총을 만들 수 있도록 레이저가 어떤 순서로 작동하는지 알려 주세요!
"시작!"에서 출발해서 순서대로 설명 말풍선을 이어 주세요.

시작! ●

레이저 봉에
빛 에너지를 가한다.

●
빛이 거울을 통과해서
광선으로 방출된다.

레이저 봉 내부에서
빛이 증폭된다.

레이저 봉 내부에서
유도 방출이 일어난다.

흥,
쉽지 않을걸!
팡

방출된 빛이
레이저 봉 양쪽에 있는
거울에 반사되며
내부에서 운동을 반복한다.

정답은 214쪽

정답

파인만 다이어그램 미로를 탈출하라!

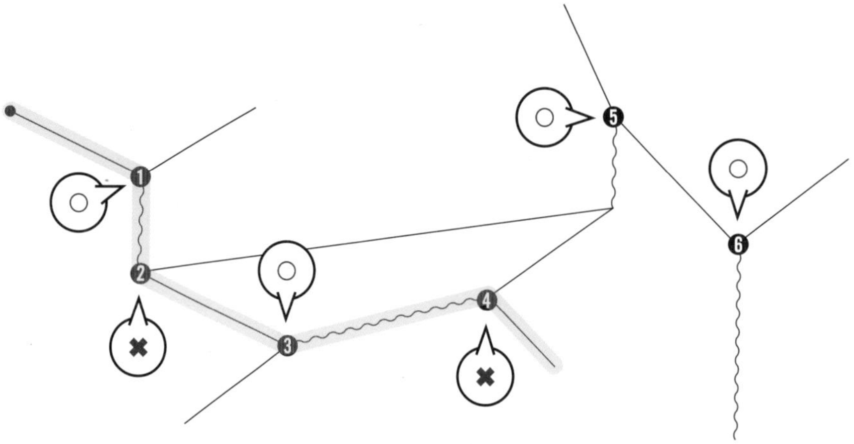

특명! 레이저를 만들어라

두 가지 게임으로 즐기는

과학자 캐릭터 카드

첫 번째 게임 하나 둘 셋! 누가 이겼을까?

카드를 조합해서 점수가 가장 높은 사람이 이기는 게임!

1. 카드를 잘 섞어서 똑같이 나눠 가지고, 자기만 볼 수 있게 손에 듭니다.
2. 모든 참가자가 "하나 둘 셋!"을 외치며 동시에 카드를 내려놓습니다. 조합할 수 있는 카드가 있으면 두 장, 없으면 한 장을 내려놓을 수 있습니다.

3. 점수가 가장 높은 카드를 내려놓은 사람이 탁자 위의 카드를 다 가져갑니다.
4. 게임을 계속 진행하다가 한 사람이 모든 카드를 가져가면 그 사람의 승리로 게임이 끝납니다!

두 번째 게임 누구누구? 캐릭터를 맞혀라!

캐릭터의 표정과 행동을 흉내 내서 누군지 맞히는 게임!

1. 카드를 잘 섞어서 똑같이 나눠 가지고, 자기만 볼 수 있게 손에 듭니다.
2. 참가자끼리 순서를 정합니다.

3. 자기 차례가 되면 손에 든 카드 중에서 하나를 골라 표정과 행동을 흉내 냅니다.

4. 다른 사람들은 어떤 카드인지 맞히고, 가장 먼저 맞힌 사람이 그 카드를 가져갑니다.
5. 게임을 계속 진행하다가 한 사람이 카드를 모두 잃으면 게임이 끝납니다. 카드를 가장 많이 모은 사람이 승리!

초등학생을 위한 양자역학 ⑤

1판 1쇄 2021년 3월 22일
1판 7쇄 2024년 6월 1일

기획 어린이과학동아
그린이 홍승우
지은이 이억주
감수 최준곤
펴낸이 김정순
편집 조장현 허영수
디자인 김진영
마케팅 이보민 양혜림 손아영

펴낸곳 (주)북하우스 퍼블리셔스
출판등록 1997년 9월 23일 제406-2003-055호
주소 04043 서울시 마포구 양화로 12길 16-9(서교동 북앤빌딩)
전자우편 henamu@hotmail.com
홈페이지 www.bookhouse.co.kr
전화번호 02-3144-3123
팩스 02-3144-3121

ISBN 979-11-6405-087-1 64420
ISBN 979-11-6405-064-2 (세트)

* 해나무는 (주)북하우스 퍼블리셔스의 과학 브랜드입니다.
* 초등학생을 위한 양자역학 시리즈는 어린이과학동아에서 연재된 '다운이 가족의 생생 양자역학'을 단행본으로 엮은 것입니다.

어린이제품 안전특별법에 의한 기타표시사항
제품명 도서 | **제조자명** (주)북하우스 퍼블리셔스 | **전화번호** 02-3144-3123
주소 04043 서울시 마포구 양화로 12길 16-9(서교동 북앤빌딩) | **제조년월** 2024년 6월 1일 | **사용 연령** 11세 이상